U0155832

轻 身 生 活

モノは好き、でも身軽に生きたい。

[日] 本多沙织 著

魏夕然 译

江西人民出版社
Jiangxi People's Publishing House
全国百佳出版社

图书在版编目（CIP）数据

轻身生活 / （日）本多沙织著；魏夕然译 . -- 南昌：
江西人民出版社，2020.4（2020.9 重印）
 ISBN 978-7-210-12171-8

 Ⅰ.①轻… Ⅱ.①本…②魏… Ⅲ.①家庭生活—基
本知识 Ⅳ.①TS976.3

中国版本图书馆CIP数据核字（2020）第046176号

MONO WA SUKI, DEMO MIGARU NI IKITAI.
by HONDA Saori
Copyright © 2015 HONDA Saori
Originally published in Japan by Daiwa Shobo Co., Ltd., Tokyo.
Chinese (in simplified character only) translation rights arranged with
Daiwa Shobo Co., Ltd., Japan
through THE SAKAI AGENCY and BARDON-CHINESE MEDIA AGENCY.
本简体中文版版权归属于银杏树下（北京）图书有限责任公司。

版权登记号：14-2020-0023

轻身生活

作者：[日]本多沙织　译者：魏夕然
责任编辑：冯雪松　特约编辑：俞凌波　筹划出版：银杏树下
出版统筹：吴兴元　营销推广：ONEBOOK　装帧制造：墨白空间
出版发行：江西人民出版社　印刷：天津图文方嘉印刷有限公司
889 毫米 × 1194 毫米　1/32　4 印张　字数 104 千字
2020年4月第1版　2020年9月第2次印刷
ISBN 978-7-210-12171-8
定价：36.00 元
赣版权登字 -01-2020-72

- -

目　录

三. 它们是人生的好搭档

专栏

如果我们把家里所有东西放在一起，重量会是多少呢？其实我们很难有一个具体的概念。可是出行的时候呢？我们会把要用的东西塞进行李箱或背包，带着它们一起行动，实实在在地感受着它们的重量。

真正让我切身感受到"随身之物不必多，轻松至上"的重要性，是在大学时代。那是一次泰国之旅，我和一群喜欢旅行的前辈一起出行。在机场集合的时候，除了我，所有人都只背了一个包。出发和返程那两天，我一直拖着一个巨大的行李箱，可谓手忙脚乱。坐出租车，得拖着它飞速穿过马路，找路边摊吃点东西，它也碍手碍脚……回来之后，我当即买了一个背包。从此，"背上行李，放宽脚步"成了我的旅行格言。开始背包旅行之后，要靠肩膀去承载全部的重量，这让我越发觉得"没必要带太多东西"。

一个人的选择会给他的人生带来好的影响，可是有的选择也会成为肩膀上的重担。

什么是『丰富的生活』？

　　我喜欢物品，所以每次选择的时候都会很兴奋。但是我一直比较小心，不会轻易购买。

　　因为，我想"轻身生活"。

　　我家只保留了最低限度的必需品，以便始终保持居室的整洁宽敞。我知道每件物品的位置，想做什么时可以立即着手，物品和资料排列整齐，大脑时刻保持清晰 —— 这就是我认为的轻身状态。

　　因此，不管我多么喜欢一件物品，都不会让它来打扰我心目中的"轻身生活"。凡事过犹不及，而我们之所以买它们回来，本就是为了过上想要的生活。

　　有的朋友会认为"物品数量多" = "物品丰富" = "丰富的生活"。那么我们可以假设一个场景，如果家中到处都是用不上的东西会怎么样？空间被压缩，想用的东西被遮挡，结果就是创造了一个让我们感到不舒服的空间，东西多到管理不过来，不知不觉就成了生活的束缚。我认为真正的"丰富"是不为身外之物所扰，尽可放手去做自己想做的事，这就是我提倡的轻身状态。

比『扔掉』更重要的

东西越来越多，家里开始变得杂乱，我们自然就会想："东西太多了，得扔点儿了。"当然，这是必要的。但是，我觉得我们不能把重点放在"扔"上。

我想提醒大家的是，当初我们把物品买回来是为了"提升幸福感"，如今它却成了"为了重拾幸福感而必须丢弃"的存在。如果已经使用了很长一段时间那还好，但如果是没怎么用过就得扔掉的东西，那么往往会有很多负面影响。白白花了钱、长年占据家里空间、影响其他物品的取用、耽误我们干活……回过头来想一想，最终它给我和家人只带来了负担。

到底是哪里不对呢？是我们疏忽大意让一件本来想要使用的物品成了被忘却的存在？是我们能力不足无法物尽其用？不，不是的。这一切的原因都在于我们无法甄别它是否是"生活中真正需要的东西"。想要选出真正可以派上用场的"常用之物"，就得彻底学会甄别。分清"不需要"很容易，而当我们觉得"需要""想要"的时候就要多加小心，不要把有可能用不上的东西带回家。

这些就是现在我包里的东西，我喜欢买一些"个性化的"东西，比如图中的手账、手绢（由一家我比较信任的亚麻制造商出产），它们都是我可爱的日常搭档。现在的我每天都在努力减少随身用品，学习轻身生活。

挂在厨房中的平底锅和摆放在灶台上的工具。炉灶上的锅具等摆在外面的东西都是使用频率较高的。这些我精挑细选的厨房用品具有非常优越的功能性，每次看到它们都会让我心生欢喜。不过，我把它们放在外面的最大目的还是为了方便取用。

如何避免冲动购物

一天，你出门买衣服，可是怎么也找不到想要的款式。这时，一件"勉强算得上好看"的衣服横空出现，你的腿已经走酸了，时间也不早了，衣服的价格又挺合适，于是你会怎么做？

恐怕大多数人的选择都是把它买回家。如果这件衣服真的能经常穿着那也不错，可是，未经太多斟酌就买回来的东西成为常用物品的概率并不大。如果仅仅出于"好看""便宜""不想空手而归"的原因而把东西买回去，那你输给的就不是物品，而是自己的"欲望"了。其实说到底，只要这件东西我们有点想要，那买回去肯定比不买回去心里要舒服得多。可是，这样下去的话，等待着我们的将是生活中充满了不喜欢的东西。这不是我想要的。

不过，出去购物一趟却空手而归确实有点扫兴。这时，我就会到百货商店的地下一层买个好吃的豆沙面包。这样就不必买不需要的东西了，回家后不仅可以吃到美味的豆沙面包，也能获得"出门购物"的充实感。

当你觉得"我现在下决定未免太过轻易"时（一定要对着内心好好问问），先不要买，走出那间店。冷静过后，如果依然觉得那件东西是你想要的，再返回去即可。不过，最后大多数情况会是感叹"幸好没买"而松了一口气，甚至很可能早就忘了那件东西的存在。

珍惜拥有的生活

如果我说自己是一名整理收纳顾问，以"轻身生活"为信条，住在一间小房子里，拥有很少的东西，大家可能会误以为我是"一个对物质没什么欲望的人"。事实正好相反，其实我呀，对物质有着非常强烈的欲望。

正因为如此，我贪婪地热衷于物品的挑选。而我的禁欲，不是在丢弃上禁欲，而是在选择上禁欲，这是为了更长久地热爱和使用物品。我热衷的不是"收集"物品，而是"选择"物品。买的时候满心欢喜，随后热情转瞬即逝，最终相见两不悦，我不想陷入这样的恶性循环。

当然，也经常会有深思熟虑却购买失败的情况。虽然肠子都悔青了，但它会成为未来最好的经验教训。就是有了这些失败和教训，我才成功地建立起了现在的物品选择模式。

本书中，我向大家介绍了很多自己日常生活中的心爱之物，但这并不代表它们适用于所有人。生活中，每个人在意的东西不同，所以没有所谓的最佳答案。我也尚在学习、实践的过程之中，力求找到"属于我的东西"。在此，我衷心地希望本书中的实例可以在你挑选物品的时候提供一些参考。

轻身生活
心得

一

因为喜欢，所以精心，
我要轻身生活！

物品现役主义

1

每件物品都可以派上用场时，
心情超级畅快。
物品和我都是幸福的。

昂贵的餐具
也都用起来

我们为什么要弄这么多东西回来呢？毫无疑问，是为了使用。

"珍惜物品"不是把它们收起来保存，而是要在生活中常常使用，这样才能发挥它们的价值。

我喜欢餐具，有很多很多想要的餐具。但是，我忍住了收集的欲望。因为一旦家里多了新的餐具，旧的餐具就会丧失用武之地。

家中堆满用不上的东西，只会增加无用的成本，占据居室空间，让舒适的生活从此远去，这是我相当抗拒的……

所以，家中物品的理想状态应是少而精。每件物品均处于"现役状态"，心情也会跟着畅快起来，就可以实现轻身生活啦。

这个架子不是专门放餐具的架子。我家不会专门把艺术家制作的餐具类作品放置起来，只是像这样放在架子上就好，摆在外面，取放便利。

我心目中的一个碗

5年前，我手里端着滚烫的碗决定等待，等待一个让我可以忍着烫手，毫不犹豫地认定"就它了"的碗。终于，我在京都邂逅了这个心目中完美的碗。它跟我想的一模一样，色泽、气质、圆润的弧度全都是我理想中的样子，为此我当时十分震惊。幸好我等到了最后，而不是选择将就。这个碗最大的特点就在于它不仅可以盛饭，还可以盛汤、装小菜，而且装什么都很好看。每天都能派上各种用途，是我家"现役队员"中的星级容器。

广川绘麻制作的碗，平时用来盛饭，偶尔也会盛汤。赤木明登制作的汤碗里，今天盛的是味道浓郁的辣白菜盖饭。

现役选手要严选

汤碗也一样，我们夫妻齐上阵挑选了好多年后，才在数年前遇到这个汤碗，它可以用来盛盖饭，装什么都不会难看。而且这么多年过去了，每次拿起它我们依然会觉得美滋滋的。"现役选手"每天都要上场，所以更要精挑细选，让喜爱的心情持续下去。

所有的碗中，摔坏时最让我伤心的就是这个碗。虽然有些破损，不过朋友帮我补好了，现在真是越看越喜欢。

物不在多，从『每件都喜欢』中获得满足感

2

物品再少，只要都是喜欢的，心里就会觉得满满的，生活也会简单很多。

每件都喜欢

不是很多，但是开心

左起分别是旅行用包（Dove&Olive × evam eva）、"十年老友"（品牌不明）、可收纳A4文件的挎包（STYLE CRAFT）。

越是喜欢衣服的人，就越容易陷入购买衣服的漩涡，但是衣服太多的话，再心爱的衣服也只能待在"冷宫"。

人心动的频率，终究是有限的。比如，同时喜欢50件衣服就很难。当我们真正直视内心时，放在心尖儿上的衣服恐怕连10件都不到。而且就连这10件，也可能会因为新的10件衣服的到来而显得陈旧过时，这就是一个无限循环。拥有很多衣服，乍一看像是拥有丰富的选择，可实际上，仅仅是琢磨它们的搭配就足以让你绞尽脑汁。无法有效地轮换搭配，有时候甚至不知道自己喜欢哪件衣服，这样根本无法从衣服中获得满足感，只能又去买买买。

衣橱空间的占领者 —— 包

说到悄然间积少成多，在家中占据一方天地的物品，第一位当属包。尤其是女性，很多人"爱包如命"，衣橱里的包堆积成山。恕我直言，它们基本都用不上。

我会有意识地去避免购买同样功能的包。"这个包是工作的时候装文件的""这个包是旅行时背的"像这样把它们分清楚，选择的时候就不需要犹豫了，管理起来也很轻松，一个抽屉就装得下。

厨房收纳中比较占地方的就是便当容器和水壶。总觉得以后能用得到，所以无法下定决心扔掉，而且容易买很多。我会尽量把它们控制在最少范围内。

"悄然泛滥的"物品之代表 —— 便当容器

丈夫几乎每天都要带便当上班，我偶尔也会带，我家的便当容器如左图所示，只有这些。水壶是可以更换饮水口的类型，有"一键直饮"和"带杯饮用"两种功能，只要一个水壶就能满足多种需求。

『现在』是在不断变化的

人生在不断地变化，没有人会停留在某一刻，要时常对家里的物品进行检查、盘点才行。

时光飞逝，使得我们往往感受不到自己也在以同样的速度发生变化。年纪不断增长，孩子慢慢长大，我们的喜好、立场也在随之发生改变。

当然，生活中重要的事情、重要的东西也会渐渐改变。比如，曾经爱做点心，现在却连做点心用什么东西都忘了，可是那么多的工具依然占据着置物架上的位置，变成了一种阻碍。还有，5年前以为"绝对不会扔的"衣服，现在也变得无关紧要了。

"现在"在飞速更新，所以怎么能让"过去"胡乱堆积呢，好好整理一番，让"现在"完美出现吧。时常创造机会检查、盘点一下家里的物品，对日常生活也会有所帮助。

升级小窍门

不要对扔掉不需要的东西这件事抱有负罪感。"人是会变的""喜好和思想也不会一成不变",只要我们接受这些变化,对不再需要的东西所抱有的莫名执着就会慢慢化解。只有心里接受了,才会比较容易放手。

比如衣服,在换季的时候定期检查一遍,淘汰一部分,反复几次,你就学会着眼"现在"进行取舍的方法了。

"现在"的自己需要什么衣服

最近一段时间我又开始需要夹克衫了,于是买了一件无印良品的"易折叠易携带的涤纶夹克"。"使用频率不高""放在包里随时可以披上""有出差计划"等,综合这些条件考虑,这件夹克衫的匹配度可以达到百分之百。考虑到自己的年龄、环境和需要,我还需要添一件西服。

我最近发现,特别喜欢的沙米色跟我的脸色不搭。于是,我在里面搭了一件能够提亮脸色的白色打底衫,这样一来整个人看起来有精神多了。适合自己的衣服是会随着年龄和场合而改变的,以"现在"为基准精心挑选,我要把自己的时尚进行到底。

稍微搭配一下,给人的感觉就不一样了。

只要搭一件白色打底衫,沙米色也能穿。

这些是我 2 年前拍摄杂志照片时的外套,其中有 2 件外套应该不会再穿了,就淘汰了。

改放到这里 👉

文胸从这里 👈

生活在时刻改善中

4

根据生活中的变化，及时更新空间利用和收纳方式。

　　家中的物品会随着时间的流逝而发生变化，同时，随着生活和物品的变化，收纳方式也需要进行相应的改变。不要被"这个东西是放在这个抽屉里的"类似固有观念束缚，而要看一看是不是有更好的收纳场所，及时进行更新。其实一直以来，我也有一个固有观念："文胸和内裤是放在同一个地方的。"所以就把它们放在卫生间了，每次换衣服的时候都要从卧室走到卫生间去拿文胸。一天，我灵光一闪："如果把文胸和衣服放在一起，不就方便多了！"只要重新审视一遍物品的使用方式和收纳场所，生活就会轻松很多。

左起分别为：酒精喷雾、过
氧化钠、小苏打。全部被我
装进了外观简洁、使用便利
的容器里。

改用多种用途的清洁剂

一直以来，我家都是打扫卫生间时用专门的卫生间清洁剂，洗衣服时用专
门的漂白剂。清洁剂的数量一多起来，就需要更多的空间放置，还要及时对清
洁剂进行补充，管理起来也更麻烦。

于是，我把清洁剂从"××专用"的概念中剥离了出来。

我家常备的只有酒精、过氧化钠（氧化漂白剂）、小苏打三种。基础的家
庭清洁有它们就足够了。

酒精喷雾可在擦拭家具时除菌，非常方便。小苏打可以去除水渍、锅具上
的污渍。过氧化钠可用于衣物漂白和清理水槽。利用这些万能的清洁剂，家庭
清洁会变得更简单、更轻松，管理起来也更方便。

5

『释放你的欲望！』
让挑选物品成为一种享受

明确自己想要什么，就可以控制自己的物欲。

　　我真正享受的，不是收获的瞬间，而是收获的过程。遇见一件自己"一见钟情"的物品并不容易。但是，如果因为这样就对一件"近乎一见钟情"的东西妥协，那我会觉得自己输给了善于伪装的物欲。

　　这时，就要进一步释放自己的欲望，认定"会有更好的"，贪婪地享受挑选物品的快乐。这样做不仅能够真正地从购物中获得幸福，还可以自然地避免浪费——无论走到哪里都知道自己想要什么，所以不必再去看不需要的东西。

　　曾经有一次，我想买一个可以放在厨房空隙间的小推车，可是花了好一番心思，找了一年也没找到。我没有急着随便买一个回来，而是用露营时用的器具先代替着。后来，正好赶上网上竞卖，发现了这个商务小推车（二手的），当时心中的喜悦之感可谓铺天盖地。

把目前没有的东西（0）导入自己的生活（1）时，要特别慎重。因为仅此一个，所以它得是自己长久喜爱的，而且得是在未来可以依赖的搭档，我就是带着这样的心情去寻找的。

从 0 到 1 的购物

① Swatch 的腕表

自从 7 年前在旅行的地方把手表弄丢了以后（哭），我一直过着没有手表的生活。我的想法是："要买的话，就得买一块符合我年纪的、高档一些的、特别出众的手表。"结果一直没找到一块合适的新表。因为怎么找也没找到，所以只能换个思路："价格先放在一边，买一块适合现在的我的。"没有多余的装饰，方便看时间，还要有日常防水功能，可以看日期和星期。这样想着，有一天，一款Swatch 的腕表忽然映入我的眼帘，正好就是我想要的。

很多时候你拼命找也找不到的东西，可能下一秒就会突然出现在眼前。

② Suria 的瑜伽垫和Patagonia 的瑜伽包

我报名参加了一间瑜伽教室的课程，需要一块瑜伽垫。以前，我在廉价量贩店买过一块便宜的瑜伽垫，但没多久就损坏了，最后只能扔掉，我非常后悔，于是决定这次买一块像样的瑜伽垫，珍惜地使用。

对于专业外的、完全不了解的领域，最好还是去请教一个自己信得过的、了解这方面的专业人士比较好。我认识一个正在做瑜伽教练的朋友，他曾在博客上介绍了一款产品，所以我毫不犹豫地买了下来。

③ 贝印的厨房用剪刀

我找了很多年，一直想要一款手感像菜刀一样的厨房用剪刀。可是，从国产到进口，产品款式太多，实在很难锁定一款中意的。

一天，我在伊势丹百货的生活用品层发现了卖厨房用剪刀的特设柜台。当下摩拳擦掌，决定一定要紧紧抓住这个千载难逢的机会！放眼过去满柜台的剪刀，吸引我的都是一些简单大气的款式。

其中有一把贝印的剪刀，可以拆分清洗，我比较看中这一点，于是决定把它买下来。因为打算用它来处理肉类，所以缝隙处一定要可以充分清洗。至今它依然在我家用于切菜切肉，由于使用起来很灵活，所以是一直处在高度活跃状态中的厨房工具。做一些简单的切菜工作时，有它就可以省去案板，我真是太爱它了。

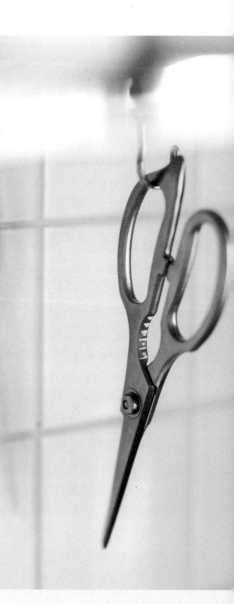

煮好的秋葵这样剪一下即可撒在纳豆上。

可拆分清洗，时刻保持干净。

从 0 到 1 的购物

④ LAMY 的钢笔

我有个很要好的朋友经常给我写信，她的字流畅清晰，非常漂亮。当我问她怎么写出这么好看的字时，她回答说是因为爱用钢笔。

顿时，我对钢笔产生了浓厚的兴趣。我也想在感谢卡、信笺上留下干净流畅的字迹。

这支LAMY钢笔原是我在朋友那儿看到的，当时就相中了它的设计。后来在卖文具的柜台看到时，试用了一下，简直太好用了，价格也很实惠。

现在除了写信外，工作时记笔记、日常记待办事项也统统都用它，我非常享受这种随心所欲书写的感觉。

⑤ 香氛扩散器

我每天开车的时间比较长，所以总是想把车内的环境弄得舒适一些。以前我用香氛喷雾，只要轻轻一按，扑面的芳香瞬间就会在车内扩散开来。但其实，我还是比较喜欢在车内熏香，因为可以长时间持续芬芳！

可是，可以接入车载接口的熏香扩散器没有我喜欢的款式。于是我在香氛店、车载用品店、杂货店来来回回找了半年。

终于，功夫不负有心人，我发现了这款香氛扩散器。一味地拘泥于熏香器，结果忘了还有这种渗透式扩散器。这款括香器可以保留持久的香味，外观也很漂亮，所以我就把它买回来了。丈夫也很喜欢，还送了一款一样的给上司。

最近我车里用的精油是迷迭香和薄荷香味的。
平均每乘车三次时在扩香器上滴一次精油，让车内香气四溢。

现在，就让房间来表达你的心事吧。

6

房间是一个人
最好的镜子

房间里的东西以及它们的摆设方式诉说着主人的生活。经常听音乐吗，喜欢绿植吗，吃饭的时候比较注重什么……

不同的人，生活习惯、做事的先后顺序、擅长和不擅长的事都会有区别。我认为，不应该是我们去迁就房子生活，而是要"让房子来配合我们生活"。

我比较在意客厅的留白，以便欣赏窗户对面的风景。为此，我将沙发面朝窗户放置，这样就可以看着窗外的风景做深呼吸了。为了保有这样一个空间上、心理上的留白，客厅里"就只能放真正在客厅使用的东西"。如此一来，不仅便于打扫，也有利于空气循环，所以我会避免在客厅里摆很多家具。

这是我家厨房的茶具角，我一定会在上面标上类似"三年番茶7/10"这样的开封日期，保证自己把茶叶喝完。

一个表达自己心意的房间

对我来说，在自己的房间里喝着茶放松心情的时间，是最奢侈不过的。无论再怎么忙碌，心情再怎么低落，我都不会错过这个喝茶的时间。所以，我家收纳的"第一把交椅"——最靠近手边的位置当然是茶具了。

让自己平时待的地方变得舒适，这是人生中很重要的一件事情。让带着一身疲惫归来的自己得到安慰，给身心充电。然后，这些力量会成为我们再度起身奔波的动力。我常常觉得，日常置身之处促成了我们自己。就像有句话说的："我们的身体是由冰箱里的东西构成的。"我觉得也可以说："我们是由房子促成的。"

所谓收纳，就是消灭身边的「找不到」，时刻保持清晰明了、自如取用的状态。

7 不放任生活中的『找不到』

每次都"一会儿再收拾吧""先放在这儿吧"，如此经年累月，最终会演变成因为"不知道家里有什么"而感到烦躁的状态，因为没有人喜欢"找不到"。而居住在干净整洁、让人感到舒适的家里时，每当有人问道："这儿是放什么的?"总是立刻就能回答。为了拥有这样的家，我时常注意以下三个方面。

第一，收纳一目了然。重点是"一目了然"，每次目光所及都能加深记忆，这样一来，对于物品的放置位置就会有十分清晰的概念。

第二，归纳分类。

第三，在看不到的地方贴上标签。看不到就会被忘却，错失使用的机会。贴上标签可以强调物品的存在感，保证需要用的时候能准确找到。

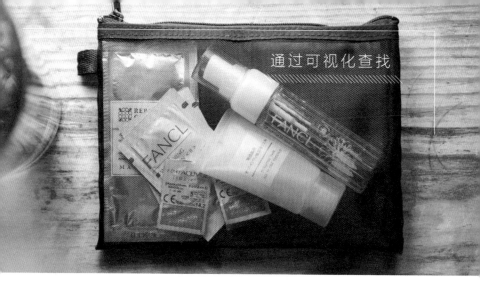

通过可视化查找

① 网孔化妆包

　　收纳用品、保存容器、化妆包等，我会尽量选择可视的透明材质，最好是一眼就能看到底的。相反，那些不透明的、有盖子的、比较深的收纳容器，因为看不到里面有什么，所以用起来并不方便。

　　照片放在旅行用的便携袋里。网孔化妆包可以把小东西归纳到一起，非常方便。我有无印良品大、中、小三种型号的网孔化妆包，用它们分类物品时里面有什么一览无余，还可以用它们收纳数据线、小零件等。

　　如果是不透明的包，细碎的东西就统统得用大脑记住，否则经常会出现"打开后发现××不在这个里面"的情况。特别是在外面，来回翻包找东西还是挺容易带来心理压力的。

② 拉链袋

　　透明且具有密封性的拉链袋不但可以应用在厨房，还可以用于家中每一个角落。它的魅力在于不仅具有可视性，而且可以排除多余空气，节省收纳空间。

　　在我家，我用它来收纳个人所得税纳税额申告表、收据，以及药物和配套的处方笺。如果用不透明的信封和塑料袋，需要用的时候就无法及时找到，最后我们肯定会把家里翻得乱糟糟的。

信息也要"可视化"

　　一如上文所述，收纳最理想的状态是有人问道："这儿是放什么的？"可以立刻给出答案，所以最好不要把各种东西混放在一起，也就是说，把同类型的物品归类到一起是很重要的。给物品分类并贴上标签，进一步明确其中的内容，让家里任何一个人看到后都能"找到"物品。

　　而且，不要在标签上只写品名，加一些使用时可能成为参考的信息会更方便。我家装洗涤剂的容器上就标注了每次的用量标准。如此不仅可以提高洗涤时的工作效率，对于不太做洗涤工作的丈夫来说，还提供了很多便利。

　　此外，在日历上标清楚"可燃垃圾""瓶罐"等不同垃圾分类日，丢垃圾时就无须拿出市报确认，行动起来更快捷。

"擦鞋啦"

我家玄关鞋柜里的擦鞋工具箱上贴了一张标签，上面写着"擦鞋啦"。丈夫很注重鞋子的打理，所以在我家擦鞋是他的工作。他总是蹲在小小的玄关处，弓着宽阔的臂膀，很认真地擦拭每一双鞋。

自从贴了标签之后，他就很少疏忽这项工作了。我的鞋子也是他帮我擦的，很暖心。

我试着做了一张个人历史年表

自从开始现在这项工作，接受采访的机会就变多了。虽然是来采访自己的，可我还是会有突然忘记自己做过的事的时候。于是，我试着做了一张自己的年表。

何时对何事产生了兴趣，有了怎样的行动。客观地回顾、俯瞰自己会有很多发现。让过去可视化，对未来也有一定的指导意义。

擦鞋啦

物极必反

8

> 人们都希望东西越多越好。但是，这样真的好吗？

我们是结婚后住进这栋楼的，真的是很窄很小，基本容纳不了什么东西。不过，如今看来这倒是件好事。刚搬进来的时候，这个小房子光是装我们俩的东西就已经拥挤不堪了，于是我们进行了一系列严格的挑选，留下一部分物品，处理了另一部分。没想到后来，这个房子却带领我们找到了大大的幸福。

这项工作让我们的家成了只承载"有保存意义的东西"的地方，我们的新生活真正开始了。在这样的家中，我们自然而然地就会避免把"可有可无的东西"带进来。

如果当初我们搬进了一个拥有丰富收纳空间的房子，又会是怎样呢？可能它会变成一个无论什么东西都收纳进来，想用的时候却什么都找不到的家。一旦找不到，就会再买新的回来。物品越积越多，收拾起来也会更加辛苦。

不幸就像滚雪球。家里乱糟糟，待着不舒服，空虚的心情可能又要靠购物来缓解。就这样不断浪费，东西越来越多，整个家都陷入混乱。想要整理一下吧，于是找个空当把东西塞了进去，却影响了家人的日常活动轨迹。最终，家里成了一个全家人都住着不舒服的空间，这很可能引起家庭的不和。

现在很流行"家里万事俱备"的风格，但我觉得如果不具备很强的管理能力，家很可能会变成一个"给人不断添堵的地方"。

精选的意义

我家玄关的柜子里不仅放了鞋，还有书和CD。丈夫喜欢音乐，刚搬来的时候就有好多CD。但是实在太多了，他常常忘了自己有哪张，想听其中一张时也经常找不到。

正因为喜欢，所以我们想让所有的CD都能轻易被找到。为了在有限的空间内实现这个愿望，我们选择只留下"特别特别想留下的"。丈夫从头到尾重新看了3遍，一边将歌曲数据化保存，一边把CD减少到了一半，终于成功甄选出了他的珍宝级收藏。

收纳的空间未必越大越好。如果容量不够大，就选出想要留下的，培养"自我编辑"的能力。

空间不够，心思来凑

开放式置物架的灵活应用

厨房的开放式置物架

　　开放式置物架可以从前方和左右两方拿东西，简直就是烦琐厨房工作的标配。重点是可以放抽屉盒，下面也可以放垃圾箱，完全私人定制，想怎么用就怎么用。

洗衣间的开放式置物架

　　无印良品的开放式置物架超级适合洗衣机周围收纳空间小的、租赁的房屋。侧面可以挂东西，也可以贴磁铁，脚部的高度可通过左右旋转调节（照片中只拍了上部），简直完美！

换一台小点儿的冰箱

我家一直用的那台427升的冰箱对于我们这个两口之家来说太大了。收拾冰箱和收纳没两样，管理起来特别麻烦，而且容易磕碰。于是我们试着换了一台无印良品的270升小冰箱，从此冰箱里的东西一目了然，食品的废弃率也明显降低了。

我对此深有感触，缩减收纳容量，有助于我们更好地了解家庭实际所需的物品数量，避免浪费。

缩减收纳容量

换iPhone手机的时候买错了，买成了16GB的。而我一直用的都是64GB的……

可是没想到，居然买对了。它迫使我必须经常整理照片、音乐、APP，这样一来不仅找数据变得轻而易举，工作效率也提升了！

减少手机容量

9

不要让人生变复杂

工作，再加上家务、育儿、杂事……越忙心里就越急躁。这样的时候更应该抽出时间把房间整理好。因为房间越乱，心情就会越焦躁。

心理的状态，在很大程度上是受物品、房间、想法、时间等周围的环境左右的。无论是看得到的地方还是看不到的地方，只要平日里坚持整理干净，我们心里的"重石"就被会渐渐挪开。

我的初衷就是"特别不想让人生变复杂"。这世上存在的物、事、人，对于这一切，不是一味地、不停地接受，而是要认真地找出与自己频率一致的那一部分，踏踏实实地去享受它们。

我的"内存"有限，所以要认真地找出自己珍视的部分，不被其他物、事、人所扰，这就是对我来说的"轻身"状态。

因为这个原因，我不上社交网站了。虽然无法了解到朋友的近况有点心里空荡荡的，不过如果真的想知道可以立刻登录查看。每天都花时间聊些有的没的，其实并不会有什么收获。

要明确自己在乎什么，因为生活一旦变复杂，真正在乎的东西就看不见了。网络的发展，让物、事、人之间的关系变复杂了。在这样的背景下，我们不要被动地接受，而是要主动地去构建这些关系。

信息要易于提取

工作日程、想去的店铺之类想要储存起来的信息，可以集中记录在手账和

手机里，不要随便记在其他地方，因为手账和手机都是平时随身携带的东西，必要的时候随时可以查看。

储存信息的时候，要始终考虑到日后"搜索"时能不能快速找到并进行再记录，形成数据。"怎么记能方便日后找到"，一边思考这个问题一边整理是很重要的。

手写的信息也可以用彩笔勾画，制作目录，分成文件夹，以便拿取。

和整理东西时是一样的。如果不考虑用的时候怎么办，到真的要用的时候就会陷入想找也找不到的困境。

信息也要打标签

电子邮箱具有"分类清晰""易读取"的特点，所以我一直在用Gmail。

可以通过"邮件自动分类设置"给邮件"打标签"。把邮件打上标签后，需要看的时候就可以直接点进去查看。

打标签需要花点时间，不过，这一点点的时间在接下来提取所需信息的时候会带来极大便利，总体上看实际是大幅缩短了时间。不仅提高了工作效率，还便于回复，对于像我这种不爱动笔的人来说，在人际交往方面带来了很大的帮助。

这也和整理东西是一样的，越是忙碌越要好好整理，为提高效率打好基础是很重要的。

10

让『陶醉』点亮
我们的人生

与何人，在何处，呼吸着怎样的空气。

我喜欢这世上的所有存在，可它们终究带不到另一个世界……每每想到这里，我就会觉得只有真实经历过的那些"陶醉"时刻才是自己真正拥有的。假如我有 10 万日元，比起购买物品，我更想把它用在体验上。我希望我的人生是与喜欢的人，在喜欢的地点，感受大大小小的幸福瞬间。

当然，拥有什么、如何生活也与之有着很大的关系。家是最可以让人放松的地方，所以家庭设施的完善是很重要的，外出享受陶醉的时刻，需要事先收集、整理好信息。

简单的随遇而安，是不会带来"陶醉"的体验的。它需要做好事前准备和心里建设，积极主动地去获得。

一天的陶醉时刻

泡完澡到睡觉的这段时间是可以尽情享受的时间。这样就要在泡澡之前，把所有的杂事处理完，打扫干净房间。

泡澡后迅速装备完毕，然后一头扎进心爱的沙发："就等着睡觉啦！"喝一口暖水瓶里温着的荞麦茶，悠闲地读着书。困意很快袭来，迷迷糊糊地钻进被窝，对自己说一句："今天辛苦了。"美美地进入梦乡。

这种平静日常里的小陶醉真很重要。要享受这样的时刻，心爱的沙发、餐桌、茶具必不可少。而对于吊儿郎当的我来说，重要的是有一个东西不太多、归纳整齐、打扫起来很轻松的房间。

旅行地的陶醉时刻

近来比较想在大自然中获得治愈，因此去的都是一些自然景观丰富的地区。同时，对于超级爱咖啡的我来说，咖啡时间也是重要的休闲时刻。

我在福冈的时候，因为同为咖啡爱好者的朋友推荐，走进了一间咖啡店。春日里阳光明媚，令人心情舒畅，坐在靠窗的位置，眺望着青翠的树木，喝着店长精心煮制的咖啡，窗外不时有野鸟飞过，闲适非常。

坐在这里，时而沉醉于书中的内容，时而感叹一下盎然的绿色做个深呼吸，就连其他客人的谈话都成了舒缓的背景音乐。这里太适合沉醉，让我忍不住又点了一杯咖啡，多逗留了一会儿。如此舒适的氛围，无微不至的服务，真希望可以拥有更多这样的时刻。

我的好奇对象①

中岛有理女士

曾就职于成衣制造公司，2015年6月，由于父亲的工作，为振兴福岛向全世界宣传针织品，携带着最低限度的生活用品前往英国。（行动力超群，每次见面都会激励我。是独一无二的高中友人。）

福岛针织 http://fukushima-knit
wix.com/fukushima-knit2015

Q

大家的包里
都装了什么呢？

蛙嘴式小钱包里面是……

包中物即其人！

①水壶、②iPod、③椰枣和杏仁（随身携带，用于充饥）、④钱包、⑤蛙嘴式小钱包（反复购买的Marimekko的蛙嘴式小钱包）。

只有4张卡！用透明文件夹制作的零钱包好精致。

她在搬进一间只有4张榻榻米大的公寓，开始一个人的生活时就决定了："行李不能超过100件（消耗品除外）。"她说，如今真的感受到了少量物品带来的丰富生活。现在她会用EXCEL表格把买的东西都记录下来，把握好物品的数量。前年，她竟然把物品的数量控制在了20个以内。"懒得记录，就不买了。买回来了又没法扔，我还不想眼睁睁地看着它们增加。"

福岛针织的单肩包，肩带长度适中，很实用。

现在她用打工度假的签证前往英国，致力于通过针织物向全世界介绍日本。为此，她将品牌命名为"福岛针织"。

Q 请跟我们分享一下您反复使用的物品。

A BIRKENSTOCK 的凉鞋。

我喜欢它穿着舒适和耐磨损的特点，照片里穿着的是五六年前买的凉拖。

Q 每个人都有无条件喜欢的东西。请跟我们分享一下您无数次重复购买的物品。

A 衬衫。

我对它们毫无抵抗力。

我对条纹衬衫毫无抵抗力，其中还有两件我父亲年轻时的旧衣服，依然经常穿。

所有的物品都通过 EXCEL 表格进行管理，我的目标是物品总数不超过 100 个。

毕业于服装专业的她，曾在成衣制造业工作过。看着成千上万件被量产出来的衣服，她不禁问自己："这么多的衣服被制作出来，被购买，再被丢弃，到底有什么意义呢？我要做有故事的衣服，告诉大家每件衣服的意义，让它们成为被珍惜的商品。"于是福岛针织出现了。

由于相继将工厂转移到了中国等地，加之地震灾害的影响，福岛的针织产业已经奄奄一息。为了不让它就此没落，她想尽一份自己的力量。于是，她制定了商品企划，并进行了设计。

她制作的针织品，简约的设计中蕴含着温暖和创新，一定会成为体现日本产品优良传统的绝佳工具。

column

我的好奇对象②
山中富子女士

布作家「「CHICU＋CHICU5/31」主创人。曾经营过一间旧家具店，现经营自己的服装品牌，从设计到缝制全部亲自操刀，直营店设于senkiya（埼玉、川口）。著书有《旧布新作》（我喜欢穿她设计的阔腿裤，最多的时候每星期一半的时间都穿着阔腿裤，这也是获得大家称赞最多的服饰。）

包中物即其人！

①包（富泽恭子出品的柿染布包）、②3个笔记本（计划买一个可以放3个笔记本的收纳包）、③小袋子（装眼镜）、④钱包（反复购入款，POSTALCO）、⑤收音机收纳袋、⑥交通卡包。

Q 大家的包里都装了什么呢？

　　布作家山中女士一家四口住在一个日本特色的窄式独院住宅里，她还在自家的房子里开了一间店。在这里，她开辟了自己的一番事业。前年，这个有着40年建筑历史的老房子进行了全部翻新。

　　我曾去叨扰过一次，那是一个完全没有多余装饰的空间，散发着老房子独有的粗犷感，从中可以感受到这一家子对这些陈年旧物的热爱之情。房中的素材、旧器具绝非少数，整体却给人一种整洁大方的开放感。仔细想来，就是因为这里的物品摆放严格遵守了"展示的和存放的要分开""白色在外面，其他在里面"这两个原则。

我对它们毫无抵抗力。

摆在外面的必须是纯色的白，黑色及其他颜色的衬衫收在壁橱里。

Q 请跟我们分享一下您反复使用的物品。

A 我一直使用的这些调味料。

图中右起分别为：橄榄油（分享计划 Fair Trade）、酱油（"御用藏" Yamaki 酿造）、料酒（"本料酒" 白扇酒造）、醋（"富士醋" 饭尾酿造）、芝麻油（"玉缔精选" 松本制油）。

Q 每个人都有无条件喜欢的东西。请跟我们分享一下您无数次重复购买的物品。

A 白色餐具和白衬衫。

要好的夫妻二人。

　　透明的餐具架上是成排的漂亮餐具。"我认识它们的制作者，这里大多数都是匠人的作品。"

　　她说："料理也是一样的，我得知道厨师是谁，再加上好的食材和调料，简单的菜式就可以十分美味。"

　　山中夫妇很喜欢喝酒。优哉地喝酒，用钟爱的餐具品尝美味料理——这是个很棒的习惯，我也想借鉴一下。

　　对于山中女士来说，衣、食、住是紧密联系在一起的，是一件事，任何一部分都不可以马虎。我印象最深的就是她说过一句话："因为我爱我的家。"

我来盘点啦

二

我来教大家一个绝不会后悔的扔东西方法！

为什么我们总是无法说扔就扔？

无法直视的"失败"

由于从事整理收纳服务工作，我走进过很多很多的家庭。最后发现，对大家来说"难以放手的东西"都有几个共同点。

它们都是笼罩着"失败""反省"阴影的东西。

比如，以兴趣的名义买了一堆，"但是没能坚持下去的"一些手工艺器具、点心制作工具。再比如，每次用时都要买，但其实"家里就有，只是找不到了"的纽扣、信封等消耗品。还有"总觉得"有必要买、"总觉得"不够，因而在毫不需要的情况下买回来的一堆一堆的内衣和袜子等。

把视线转移到它们身上，再把它们处理掉这一系列行为，就相当于自己打脸。就是因为实在不想经历这样的场面，所以一直视而不见，才造成了今天堆积成山的局面。"总有一天能用上""不想打脸""忘了吧"正是这些心情唆使我们把用不上的东西收起来，从此封存。

"扔东西"可以改变我们的购物方式

可是话说回来，对失败避而不见，放任封存品堆积如山，会让家里变杂乱，给生活带来不便，甚至会在我们心中衍生出一种仿佛封印了亡灵（封存品）般的懊恼感。

这是一次负痛作业，但总得有一次把所有收纳起来的东西都翻出来，清点一下"失败的产物"，然后狠狠放手！

这时，绝不可以心生退意设想："以后能用得上。"无论扔掉它们多么令人心痛，也要牢牢记住这份疼痛，以防下次再轻易把东西买回来。

我也是扔了很多东西之后才大彻大悟，这么多的东西我这辈子也用不完。我在收纳服务方面的顾客们给出的最多反馈就是："再也不轻易买东西了！"

扔东西给我带来的最大益处就是，不会再轻易买东西回家。虽然每一件东西并不是很昂贵，但如果以人的一生为跨度来看，不也是很大的一笔花费吗？

48

盘点需要反复

收纳盘点最好是保证1年一小次、3年一大次的频率。在第一章中我也有和大家聊过，人的生活不会一成不变。随着年龄的增长，不知不觉间，身边的环境、我们的喜好都会发生变化，必需品、重要的东西也会在不经意间悄悄改变。

反复盘点不仅可以让我们的家更整洁宽敞，也是我们发现自身变化的一个契机。从而能把焦点放在"现在的自己"需要什么，再去进行取舍，这样一来，对家中物品的处理能力也会在反复的盘点中逐渐提高。

收到东西，要当心

我们的东西，一部分来自自己的选择，一部分是意料之外来自外界。这两部分加在一起，叫"家里的东西"。

比如，有人送了我们一些茶或者咖啡，如果我们按照正常的生活节奏已经对其进行了补充，总体库存量就会超标。所以平时我们就要养成"先把手边的用掉""确认家里库存，把握剩余量"的习惯，这样才能避免浪费。为此，也要定期盘点。

我无法割舍的东西之代表！大学时代，室内五人足球社团定做的制服，充斥着太多回忆……

关
于
物
品
的
适
当
数
量
与
扔
掉
时
机
的
考
察

家中物品的数量≠必要数量

此刻，你家中物品的数量并不一定是最合适的数量。整整一餐具架的杯子，卫生间抽屉里满满的毛巾……"我一直是这么过的"不过是一种固有观念，其实，只要试着减少一些，你就会发现拿取、收纳都变得更轻松了，而且对日常生活完全没有影响。

如果你家中有不便的地方，那么请问问自己："我们家真的需要这么多东西吗？"你可以借此机会试着考察一下，"我家究竟适合放多少东西"。

甄别方法① 从日常循环中甄别

比如，你有 20 条内裤。如果每天都清洗，那么其实有 3 条就足够了。即便是考虑到旅行、备用，最多 5 条也足够了。

即便你坚持 20 条内裤全都要轮换穿一遍，也只是在任它们全部变旧，我真的不建议这种做法。数量越多，越会分散我们的注意力，有一天我们会忽然发现自己正穿着褪色、起球的内裤……

这时，建议你先收起 10 条内裤，只轮着穿另外 10 条。这不仅不会给你的生活带来任何困扰，反而会让你觉得柜子整洁了，选择起来更容易了。如果总量不多，穿旧了的话还可以一口气全部换成新的。随着时间的流逝，我们总会想要穿新内裤的。

甄别方法② "总有一天"是哪一天？

文具、衣物这类易保存的物品总是给我们一种错觉——"总有一天能用上"，所以容易一下手就买很多。但是，比如说笔记本，买了 20 个笔记本备用，可真的能有一天都用上吗？

而且，如果不善管理，扔得到处都是，那么即便我们有 20 个笔记本，要用的时候还是会很轻易地买新的回来。

这时最好把它们归纳到一起，以便我们把握自己能管理的数量。

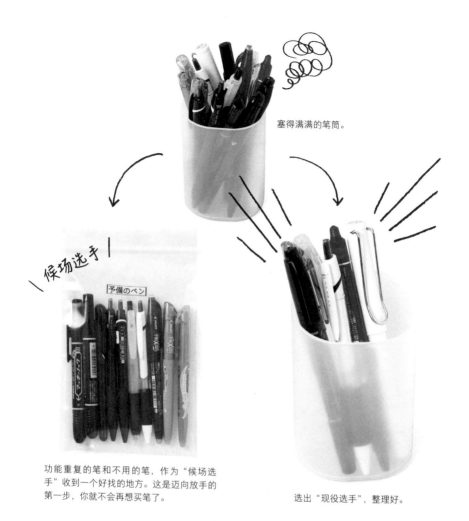

塞得满满的笔筒。

候场选手

予備のペン

功能重复的笔和不用的笔，作为"候场选手"收到一个好找的地方。这是迈向放手的第一步，你就不会再想买笔了。

选出"现役选手"，整理好。

甄别方法③ 分出"现役选手"和"候场选手"

笔筒和抽屉塞得满满的，想用的笔找不到，这是很让人抓狂的情况。这就是拥有的物品数量超出适当数量的一个典型事例。如果把常用的笔放在一起，恐怕也就只有那几支而已。从少量物品中迅速找出想用的东西，只要这样体验过一次，你就会发现以前的自己承受了多大的压力。

除"现役选手"外，用收纳袋把"候场选手"都收起来，标记一下即可。在你选出"现役选手"的那一刻，实际就已经发觉哪些是自己真正需要的了，在脑中就会形成"我有足够多的笔""多到得存放起来"的概念，出门时就不会再随便买文具了。

浴巾
4 条

用过后立刻清洗，有时我们夫妻
会共用一条，发黑了就总体换一
批。（大约1年半换一次的频率。）

擦脸巾
5 条

用于洁面后擦拭，再顺便擦拭一
下洗脸池和镜子，然后扔进洗衣
机。毛巾是小块的，便于使用和
清洗。

灶台抹布
3~4 条

我买了一套12条的抹布，每次
拿出3~4条使用。平时收纳在水
槽下面的小包里，每天都会扔进
洗衣机清洗。用旧了就拿来擦地
或当破布头。（无印良品/落棉
抹布12条装 约40×40厘米）

餐具抹布
2 条

这款抹布非常结实，基本不用替
换。柔软、易晾干，吸水性和手
感都很好，我非常喜欢。餐具
一般是自然晾干，所以抹布两
天洗一次即可。（琵琶湖抹布/
和太布）

本多家的适当数量

——现在是这样的感觉

踏脚垫
2 张

最初只有一张fog 的踏脚垫，但是由于它不易干，就又买了一张无印良品的。平时把它们搭在洗衣机的横杆上晾干，每周洗1~2次。(fog linen work/ 亚麻布按摩踏脚垫、无印良品/ 印度棉绳绒踏脚垫)

擦手巾
5 条

分别挂在厨房和卫生间两处，使用手感、易晾干程度、大小、挂钩处全部很完美！ 款式简约，图案风格也和我家非常搭。(R&D.M.Co/ 厨房 CROSS)

手帕
5 条

手帕是我和我丈夫共用的，所以都是可以放进西服口袋的款式。一开始是1 条，觉得好用又买了2 条，丈夫开始用之后就变成了5 条。(R&D.M.Co/ 亚麻布手帕)

我家的规矩

同一范畴的物品尽量统一购买一个品牌，如果多个品牌混在一起，贵的那个旧了也不忍心下手扔掉。只用一个品牌，保持最低数量，这样就可以平等使用每一个，旧了也容易发觉，扔了也不心疼。

一旦上述某一种数量过多，就会造成占用收纳空间、降低洗涤效率的后果。洗涤物攒太多，晾的时候就需要很多夹子，久而久之生活就会被物品牵着鼻子走（ = 非轻身生活 ）。

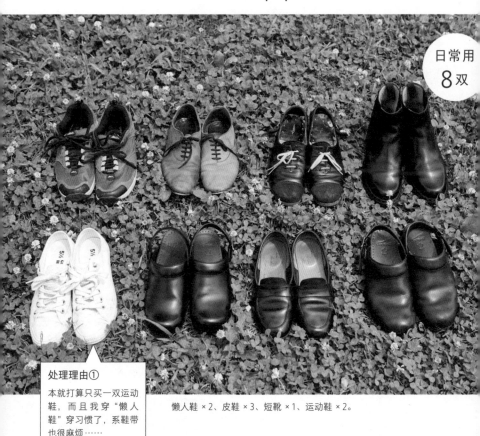

日常用
8 双

处理理由①

本就打算只买一双运动鞋，而且我穿"懒人鞋"穿习惯了，系鞋带也很麻烦……

懒人鞋 ×2、皮鞋 ×3、短靴 ×1、运动鞋 ×2。

没有人喜欢"找不到"
家中物品倒计时

把握数量的意义

即便是衣服数量不多的人，真要数起来也会有100件以上的衣服。对数字不敏感，就不知道自己到底拥有多少东西。

了解物品数量，掌握客观数据，可以在购物的时候使我们保持冷静的判断。而且，为了弄清物品数量而把所有的东西都拿出来，不仅可以让我们发现哪些东西不需要了，还可以成为我们了解自身习惯的契机。

其他
6双

处理理由②
为了参加法事买的，现在已经皱了，打算买双新的。

凉鞋 × 2、登山靴 × 1、长靴 × 1、正装鞋 × 2。

处理理由③
以前我整个夏天都穿凉鞋，现在开始养生御寒，不再光脚穿鞋了。

鞋子的倒计时与重新审视

　　不同用途的鞋子我们都得有，无法减少到极致。可是鞋子太占地方，且违反了我的"现役主义"，让它们闲置在那里实非我本意，况且总是放着也会损坏。

　　只要把所有的东西都拿出来，每个人就会有意想不到的发现。或是发现什么东西太多，或是找到了之前遗忘的东西，我们总以为自己已经做得很好了，可是总会出现需要反省的地方。

我断舍离了3双！
现总数11双！

日常服饰总数 84 件

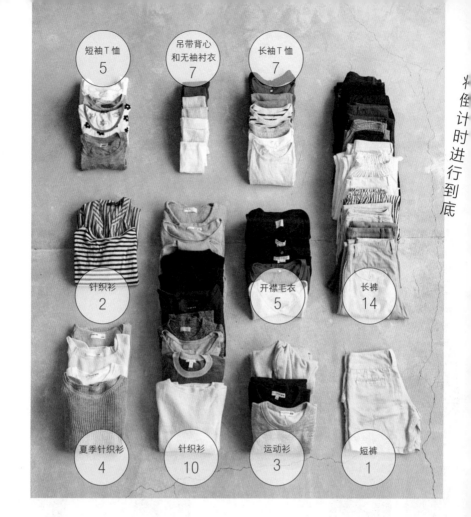

短袖T恤
5

吊带背心
和无袖衬衣
7

长袖T恤
7

针织衫
2

开襟毛衣
5

长裤
14

夏季针织衫
4

针织衫
10

运动衫
3

短裤
1

日常服饰倒计时

距离我家上次的日常服饰清理倒计时已经有2年了。一想到这期间买了新的衣服进来，我就觉得总量肯定会有所上升……但其实并没有什么改变。这可能是我常常注意审视它们的功劳。

即便如此，80件就是适合我的数量吗，仔细想来，我也并不需要那么多。再怎么四季变换，我也穿不完这么多的衣服。其实，把它们像这样摆出来一看，就会发现"完全没穿过的衣服"和"经常穿的衣服"之间竟是如此界线分明。

于是这次，我把它们摆在摄影棚这样一个明亮的地方，发现了很多在房间里注意不到的污迹和发黄的地方，有的还破了洞！清点服饰这项工作要尽

短裙
1

连衣裙
4

衬衫和长裙
9

大衣
4

背带裤
2

夹克
1

长外套
5

送往二手商店的
日常服饰。

我断舍离了8件！
现总数76件！

量在明亮的房间，并且最好在白天进行。当你清楚地意识到"已经皱成这样了啊"，就不会再犹豫怎么处理它们了。

趁此机会，我把穿了很久皱巴巴的衣服、颜色已经不再适合的衣服处理掉了，共有8件。今后，我也会常常清点，只留下真正经常穿的衣服，同时控制好我能穿的数量。

将倒计时进行到底

小物件倒计时

　　我的衣服都是一些基本款，所以平时比较注重饰品和配饰。比如会搭配一些从未尝试过的颜色等，可以先从离面部最远的袜子开始挑战，这样比较容易。即便服装数量有限，配饰用得好也会带给人一种时尚的感觉。

　　所以，我目前正在增加配饰杂货的数量。不过，无论是小物件还是杂货，都要控制在可收纳的范围内，不要塞得满满的，适当留有一些空间更便于选择。如果出现不想要了、难以决择、过于占据收纳空间的情况，就要全部拿出来进行倒计时清理，请清点并掌握好这些数量。

饰品总数 **33** 件

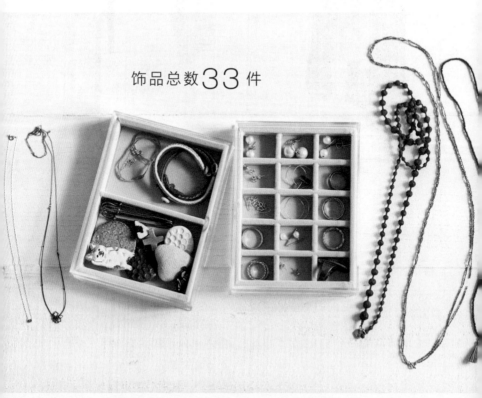

项链 ×5、耳环 ×10、手镯 ×5、胸针 ×8、戒指 ×5。

袜子总数 11 双

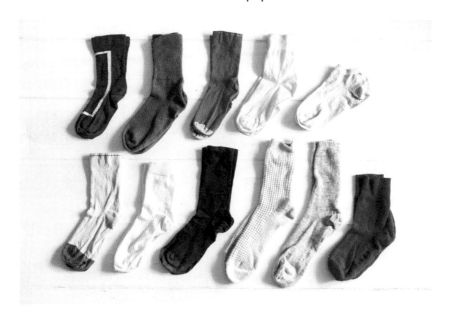

围巾总数 6 条

将倒计时进行到底

茶杯、茶碗总数 **8** 个

五寸的盘子总数 **6** 个

餐具总数 30 个

杯托、杯垫总数 11 张

一起来实现轻身生活吧！（其1）
12件行头走天下

受"法国人"启发

我读过一本书叫《法国人只有10件衣服》，里面说法国人会把衣服整整齐齐地放在一个小箱子里，每一件都洗得干干净净，用熨斗熨过。他们仔细对待衣服的样子让我受到很大触动，这正是通过对衣服的严格数量控制而实现的。

我也决定限制服装数量，只保留少数的衣服换着穿。我数了一下经常穿的衣服，上衣是6件，裤子、裙子是6件，那么我也要挑战12件衣服的生活（不包括内衣）。我试着每个月清点一次，认真地与衣服面对面。

上装

①藏青色针织束腰上衣（evam eva）、②亚麻布上衣（fog linen work）、③条纹无袖衬衫（LE GLAZIK）、④白衬衫（nookstore）、⑤细条纹亚麻布上衣（ARTS&SCIENCE）、⑥白色无袖针织衫（iliann loeb）。

12 件衣服的选择标准

　　基本上，同一功能的衣服不需要有2件。这在买衣服的时候也是一样的，增加相似的选项只会延长选择的时间，给忙碌的早晨增加负担。

　　12 件听起来很少，但实际搭配起来样式还是非常多的。换一件不同颜色的内搭，或者换一个饰品，又会有很多不同的感觉。

　　从所有衣服中选出这12件的标准是——"会下意识拿起的那一件"。它一定是穿起来舒服的、好搭配的、自己比较喜欢的。按照这个标准而精选出的少数精锐团队，不仅反衬出了哪些衣服"并不是我真正需要的"，还让我认清了一个事实——12件衣服足够了。

下装

⑦黑色阔腿裤（CHICU+CHICU5/31）、⑧条纹敞口七分裤（mizuiro ind）、⑨藏青亚麻布背带裤（atelier naruse）、⑩藏青百褶裙（MARGARET HOWELL）、⑪白色九分裤（MARGARET HOWELL）、⑫牛仔直筒裤（YAECA）。

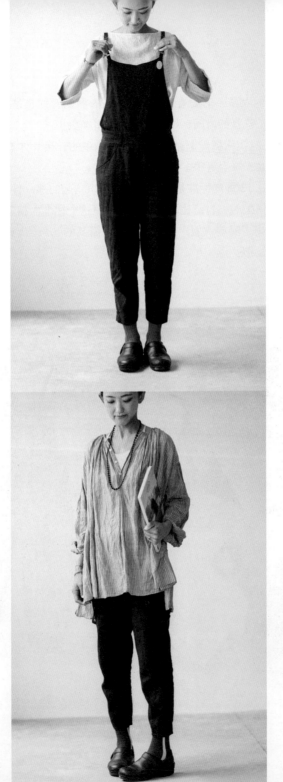

12件衣服换着穿

今天穿什么呢？

不想费心思搭配的日子，这件我心爱的背带裤就派上用场了。袜口可以露出来作为点缀。

在背带裤外面搭一件薄衬衫，穿出一种敞口七分裤的感觉。

衬衫与阔腿裤的搭配很简单，颜色只有白色和黑色，整洁大方。

这条裙子有点长，所以上衣我选择了短款，这样看起来比较自然。

条纹上衣很有存在感，简简单单搭配一条阔腿裤就很好看。

围一条三色拼接的披肩，这一身搭配让人立刻精神了起来。

1 + 12

+ 风衣

深蓝色给人一种稳重的感觉，再搭一件风衣，显得非常精神。

6 + 12

+ 外套、围巾

米色的长衫超级好搭，搭什么都好看，一披上立刻提升了气质。

3 + 11

+ 外套

黄绿色的袜子有点冒险。

6 + 12

+ 外套

其实这条牛仔裤洗后有点缩水了……反而利用这一点，满足了能够稍微看到袜子的玩心。

1 + 11 + 披肩

6 + 9 + 外套

白色裤子显得这一身非常明亮。披肩提亮了脸色。

披一件白色长衫，偶尔给人带来一点清爽的印象。素雅的底色将饰品颜色衬得更鲜明了。

一个月12件先搭起来吧

很多事情都会让我觉得"幸好尝试过"。而其中第一件事，要数只留少数几件衣服换着穿，这让我注意到了每一件衣服的污迹和褶皱，洗涤和熨烫起来都更加用心。

而且，买衣服的标准也比以前更严格了。我会常常反问自己："12件衣服都穿不过来呢，还有必要再买吗？"冷静地进行判断。

最重要的是，不必花费很多时间在纠结搭配上！选项有限的话，就会很快地做出选择。早上一下子少了好多事。选出这12件衣服后，我才发现原来有那么多衣服是我一直没穿过的。半年都没进过"首发阵容"的衣服，真的可以说拜拜了。

阵容大选
包中物品，首发
一起来实现轻身生活吧！（其2）

这就是我至今为止的首发
阵容，大家怎么看？

① ② ③ ④ ⑤ ⑥ ⑦ ⑧

生活更轻身！
随身物品更精简！

①化妆包（粉质吸油纸、腮红、唇膏、唇彩、指甲油、眼药水）、②名片夹（别人送的）、③网眼收纳袋（常备药、预备隐形眼镜、环保袋、创可贴等）、④手账（就这一本）、⑤钱包（ARTS&SCIENCE）、⑥钥匙包（我喜欢它可以把钥匙拉到里面的设计，是entoan出品的）、⑦手机、⑧手绢（R&D.M.Co）。

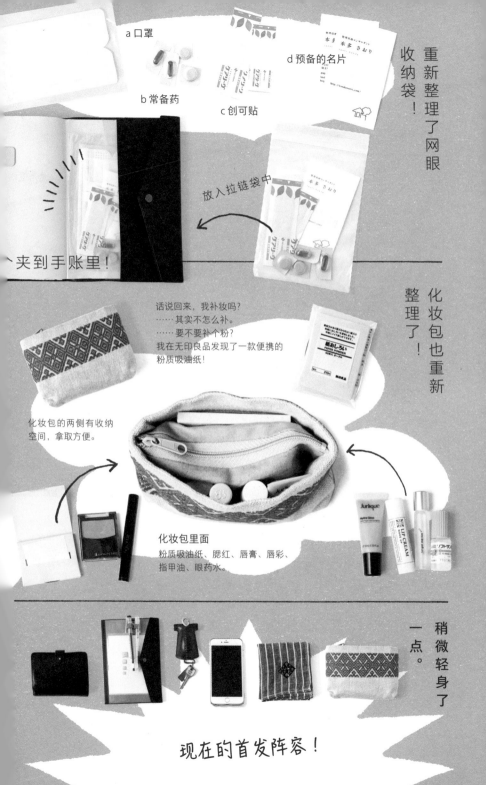

a 口罩

b 常备药

c 创可贴

d 预备的名片

重新整理了网眼收纳袋！

放入拉链袋中

夹到手账里！

化妆包也重新整理了！

话说回来，我补妆吗？
……其实不怎么补。
……要不要补个粉？
我在无印良品发现了一款便携的
粉质吸油纸！

化妆包的两侧有收纳
空间，拿取方便。

化妆包里面
粉质吸油纸、腮红、唇膏、唇彩、
指甲油、眼药水。

稍微轻身了一点。

现在的首发阵容！

问心无愧的

放手方式

　　每次准备整理东西的时候，到"需要不需要"这一步还是比较容易想明白的。问题在于，"5年都没用过了，应该不需要了""一次都没用过，我为什么要买呢？"面对这样的物品，你会怎么处理呢？

　　"扔掉""甩开"确实可以减少物品数量。但是，当你要处理的东西太多时，往往就会犹豫。想来想去觉得太麻烦，最后就都留着了……

　　其实，你还有更多选择。

72

用包袱布包起来放在一边

"喜欢是喜欢，但是型号不合适。"像这样的令我们纠结是否要处理掉的东西，可以先用包袱布包起来，写上打包的日期，暂时存放一边。80%的人1年之内就会把里面的东西处理掉。因为，当你再次打开包袱的时候，里面的东西十有八九会让你感到

像这样用包袱布包起来放在一边。

压抑。只要反应过来："我为什么要特意包这么一包东西放在这儿呢？"再合上的第二天，肯定会选择扔掉。包起来放在一边，就是明晃晃地在提醒：你不需要了。

送去回收再利用

每年都有两个换衣服的季节，我会把这段时间作为"回收再利用处理日"，专门找一天到回收衣服、书籍、杂货的二手商店转转。

有些店铺不接收反季节的衣服，所以我会提前都整理出来，到合适的季节再送过去。

"请自取"筐

在我家，我会把可能有人能用得上的东西放到"请自取"筐里。有客人或朋友过来时，我就会问一句："有没有要用的？"准备这样一个篮子或筐，纠结的时候就可以把东西扔进去！这样一下子就腾出了地方，也能避免弄乱屋子。

再看一眼也爱不起来，"确实"可处理的物品。

我的好奇对象③

樱井义浩先生

毕业于埃斯佩兰萨制鞋学院，创立半定制皮鞋品牌『entoan』。除在全日本各地开个人展览与为顾客定制皮鞋外，还与大桥步先生合作，在皮包定制等多个领域取得了优异的成绩。（我喜欢他设计的介于皮鞋和凉鞋之间的『皮凉鞋』钥匙包也很好用。）

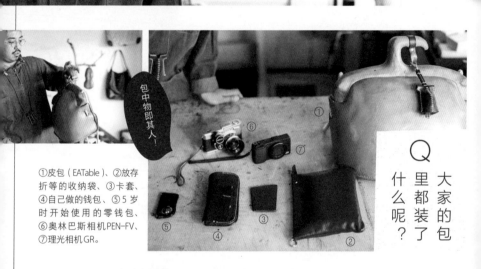

包中物即其人！

①皮包（EATable）、②放存折等的收纳袋、③卡套、④自己做的钱包、⑤5岁时开始使用的零钱包、⑥奥林巴斯相机PEN-FV、⑦理光相机GR。

Q 大家的包里都装了什么呢？

　　有一双长筒靴，樱井先生一直很珍惜，那是他初中三年级的时候买的红翼牌皮靴。当时是为了赶潮流，结果却成了他爱上皮革的契机。不过，那时的他不知道皮革需要保养，导致靴子上面出现了很多裂痕。

　　"皮革可不是消耗品，而是可以长久使用的。好的皮革经久不衰，只要打理得当，随着使用日久，颜色会渐渐变化，变得更有光泽，所以皮革是有生命力的。"长大以后，樱井先生在二手服装店买了一双70年前的长筒靴，花费数日为它上油护理，终于可以穿了。此外，还有他5岁开始一直用到现在的姥爷送的零钱包、学生时代开始使用的EATable皮包等，时间的流逝使这些东西对他来说越来越珍贵。

"彩虹丸子"是我工作室附近卖的一款好吃的烤丸子。我经常去买，有一次去的时候，发现店铺继承人是我的初中同学，吓了一跳。"彩虹丸子"（埼玉县越谷市相模町6-442 电话：048-988-0248）

Q 请跟我们分享一下您反复使用的物品。

A 彩虹丸子。

根本停不下来！

与搭档兼伴侣富泽智晶女士。

Q 每个人都有无条件喜欢的东西。请跟我们分享一下您无数次重复购买的物品。

A 工装靴。

我对它们毫无抵抗力。

其中还有奥林巴斯的 PEN 相机，以前是爷爷的，后来他特别想要，就苦苦寻找了一番。"应该就在家里的某个角落。"最后全家出动终于找到了。当然，它和现在的相机不一样，是一款胶卷相机。他说："用它拍出来的照片仿佛是把那一刻的时光烙印在上面一样，很有趣。"所有的心爱之物，背后都有一个美丽的故事。

他用东西很小心，不到破损得不可挽回的地步就不会买新的。他说："东西坏了送去修理的话，还可以用很长时间，这和买新东西的短暂喜悦是不可同日而语的。皮革制品就有这样的特点，我也想把这份喜悦带给更多的人。"

樱井先生的鞋子中很大一部分都是工装靴，大概有6~7双（此外还有雪地靴、自己做的鞋、运动鞋各2双），右上角的是雨鞋。短靴更轻便。

她们经营的画廊中的展品非常打动人，我每次去都想带一件展品回来。她们介绍了很多不错的东西给我，包括围巾、内裤等。每一件用起来都很舒服，有一些用完了我还会来买。

让我印象比较深刻的是，她们会在告诉我"生活中什么时候会用得到××""怎么用好"的同时，告诉我实际的"使用感"。比如针织袜子，她们会告诉我："袜子的底部是用比较结实的线织成的，不容易破洞。而且非常结实，可以放心清洗。"她们会告诉我根植于生活的魅力。

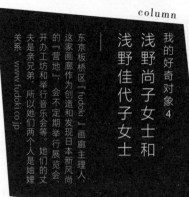

column

我的好奇对象④

浅野尚子女士和
浅野佳代子女士

东京板桥区『fudoki』画廊主理人。这家画廊作为创造和发现日本新风尚的『营地』会不定期举行展览会、开办工坊和举行音乐会等。她们的丈夫是亲兄弟，所以她们两个人是妯娌关系。www.fudoki.co.jp。

好东西要分享

正金家的酱油、橙子醋以6瓶为单位直销，她们常买回来大家庭一起分享。在那不勒斯细面条或日式鸡肉饭上，加一点井上酱油店的西红柿混合沙司，好吃得不得了，深受全家三代人的喜爱。只要她们两个人说："好吃！"我就会认为必须一试。

建筑家中村好文设计的三代同堂住宅。尚子女士家和佳代子女士家的宅子中间是公婆的宅子，一条外廊缓缓地将三个家庭连接在了一起。

使用的包虽然
，但里面的收
和小物件还是
人期待的。

包中物即其人！

Q 大家的包里都装了什么呢？

尚子女士

①包（ARTS&SCIENCE）、②扇子（sunui）、③擦手巾（sunui）、④太阳镜、⑤手账（hobonichi制品，书衣是谷由起子女士设计的）、⑥存放家庭开支记录的蛙嘴式零钱包（Cholon*已停业）、⑦私人长钱包（ANDADURA）、⑧名片收纳包（谷由起子女士设计）、⑨自家钥匙包（Dukri）、⑩一卡通卡套（PUENTE）、⑪工作室钥匙包（sunui）、⑫化妆包（atelier kaneko）、⑬平纹布收纳袋（里面是进校章或防晒霜等）。

佳代子女士

① 双肩包（The North Face，可作电脑包）、②钱包（ARTS&SCIENCE）、③ 环保袋（里面装的是孩子的替换衣物和点心）、④保温杯、⑤网格收纳袋（装防晒霜等）、⑥小袋子（装药物）、⑦扇子。

Q 请跟我们分享一下您反复使用的物品。

佳代子女士

A 伊索的A.P.C. 除臭液。

伊索的A.P.C除臭液：只要在厕所或洗脸池滴上几滴，柑橘系的香味瞬间扩散开来，闻起来很舒服，每年佳代子女士都会买上一瓶。我家也马上购买了一瓶。

尚子女士

A 无印良品的可以穿好几层的T恤&各种调料。

无印良品的T恤&调料：只要衣长、袖长和领口的大小符合身型，每年都会重复购买的无印良品T恤。三家人喜欢的调料基本一样。茅乃舍的鲜汁汤、小野田制油所的玉缔芝麻油等，遇到好东西，会把大家的份一起买回来分享，真是让人羡慕啊。

将对物品的专注具象化的一间画廊

"fudoki"原是她们的公公婆婆在东京青山开的一间画廊。10年前搬到现在这个地方，大约3年前开始由她们接手。去年，她们策划了一场以"有了宝宝之后依然可以与喜欢的东西一起生活"为主题的"与宝宝在一起的快乐生活展"。她们俩也是妈妈，所以选取了这样的视角。自那以后，她们的顾客群体中又多了大批年轻妈妈。

展览的物品包括器皿和皮革制品等，种类多样，但主要还是衣服和布艺品等布制品居多。"只要是看上的东西，跋山涉水也会去找来。以前曾带6岁的

78

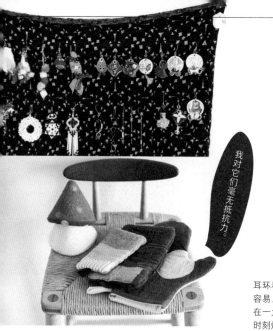

Q 每个人都有无条件喜欢的东西。请跟我们分享一下您无数次重复购买的物品。

A 佳代子女士

耳环和隔热手套。

我对它们毫无抵抗力。

耳环和隔热手套：为了挑起来容易，佳代子女士把耳环都挂在一大块布上了。这样还可以时刻炫耀她的宝贝们。

A 尚子女士

花瓶。

儿子去老挝拜访谷由起子女士，还采购了一些当地的布艺品。"近期她们还打算去印度，购买平纹布（棉织布）。

尚子女士刚结婚就和婆婆一起去危地马拉学习了；佳代子女士在学网球的时候，"为了赢得比赛"而找了一个教练，就是她现在的丈夫。两个人都有很强的行动力和主观能动性。我也见识了她们对"好东西"的旺盛探求心。

自从 3 年前开始学习花道，尚子女士就会经常买一些漂亮的花瓶回来。固定在墙上的花瓶柜并不深，放在后面的花瓶也不会被挡住。

它们是人生的好搭档，

三

正因为喜欢，才要和精心挑选出的物品一起轻身生活！

给选择定个规则

从家电、文具、衣服到除雪铲，当你想起自己所拥有的东西时，胸中会涌现出一种怎样的心情呢？可能，东西越多，越是管理不过来，对自己拥有的东西所怀抱的感情越是平淡。

在这里，我请大家试着把自己所拥有的东西想象成"好伙伴""好搭档"。如果它们都是在关键时刻助你一臂之力的搭档，那么，有它们在家里等你，家就会成为想回去的地方。当你觉得家中都是自己的好搭档时，心里当然是满满的，也就不会再买多余的物品了。而且，把它们当成自己的搭档，就不会随便地对待它们，会一直很珍惜。

相反地，东西多到自己都不知道有什么的话，它们就不是搭档，而是"拖累"了。回家之后也不会放松，无法获得满足感。然后，为了获得满足感，再次奔向新的物品，最终家里的物品又增加了。

只有严格挑选出真正可以成为搭档的物品，把它们带回家，家中才会成为"和搭档们一起生活的舒适场所"。

比如，最近我在找一双黄色的袜子。一直都没有穿过这个颜色的袜子，所以想挑战一下这种颜色鲜艳的小配件。而且我分析了一下柜子里的衣服，也觉得黄色会比较好搭。

我很快就找到了一款黄色的袜子。但是，我没有买。即使只是一双袜子，在它的颜色、脚腕的松紧、长度、材质等方面我也有诸多考量。要找到一双"符合我所有条件的搭档"，还是没那么容易的。

在找到真正的搭档之前，需要制定一些以生活为基础的物品挑选规则。根据我家的情况，我总结出了8条。

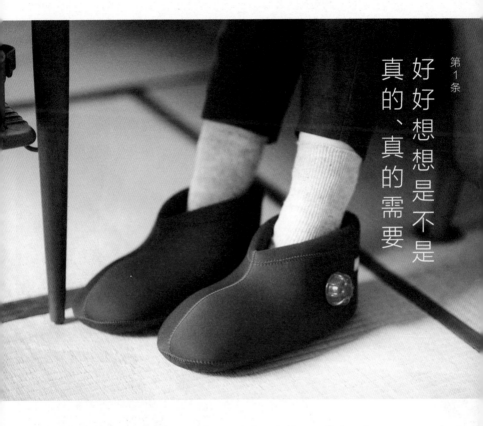

第 1 条

好好想想是不是真的、真的需要

　　如果把一个人的购物模式做一个分类，大体可以分成六类。

　　①买一件自己没有的东西回来，从 0 到 1。②有是有，但是要买一件替换（扔掉旧的）。③不够了，再买些回来（添加）。④食物等消耗品的循环购买。⑤满足对非必需品的购买欲。⑥用于人情往来。

　　避免"为了满足购买欲的非必需品购买"（⑤）还是比较好理解的，问题在于①。一件新的东西，在我家得是感觉到它的必要性 3 次以上才会买回来。这双足部汗蒸鞋是为了驱寒买的，从"想买"到"买回来"，我一共试了 3 次。而平衡内心对增加物品的抵触感和对汗蒸鞋功用的渴求，我花了 1 年时间。

（CLOZ 的汗蒸鞋 / 足部用短款 /Helmet 潜水株式会社）

第 2 条

宣讲

给自己做个

遇见喜欢的东西，我会在大脑里开个会。发现这款咖啡过滤纸的支架时，大脑里装扮成严苛上司的我立刻上线，丢来一个问题："你是真的需要吗？"另一个我则冷静地开始表述。"有了它，就不必把过滤纸放到很远的抽屉里去了。"上司的我又问："没有其他更合适的了吗？""没有了。它上面有磁石，可轻松安装。款式简约，极具设计感，这么好的支架我还是头一次见。""每天都会用到，我会很珍惜的。""价格合适。"……

结果是，买。如果考虑到这一步，就不会出现"看，是不是用不上！"的情况了。买东西的时候，还是要给自己留有充分的讲演时间的，对吧。

[咖啡过滤纸支架/TURN（远藤 MASAHIRO）]

让过去的失败重现

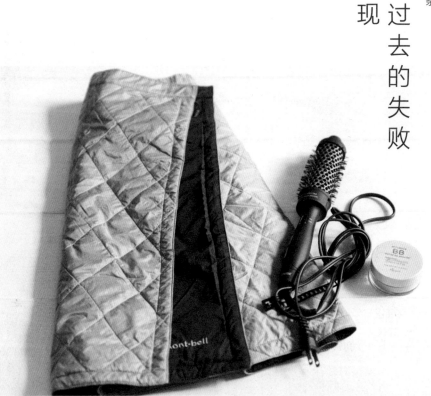

　　照片中的这三件物品，不瞒你说，是我失败的购物经历。这条mont-bell的裹裙是当时觉得它"比较适合运动，户外活动的时候能用上"才买的。但是，我本就是一个不穿裙子的人。卷发棒是为了"早晨起来修正发型用的"，气垫BB买来是"懒得化妆的时候用的"。但是最终，发型睡坏了就束起来，不想化妆的时候直接出门就好了。

　　这些都是和自己的性格、习惯完全不搭的东西。而且，没办法用它们做其他的事，用途极其有限。

　　我会弄清楚自己是在什么情况下购买失败的，避免再出现同样的错误。为此，要正视自己的失败，不可以视而不见。

丰富的物品

如何看待用途

第4条

这里我们举个例子，明明每年去不了海边几次，却非要为此特意买一个"海边旅行包"，这件事该怎么看呢？这个包买回来的话，一年中会有360多天白白占据家中空间，毫无用处。而且，很可能因为很少用到的关系，真正去海边的时候也会忘了拿。

但是，如果这个包的功能和设计不仅限于此呢？上街可以用，去超市可以用，收纳东西还可以用，那就不一样了。虽然同为"包"，但是功能性可谓天差地别。

不仅是包，一般功能性强的东西设计都比较简单。即使环境不同了，生活方式改变了，总是可以用得上，这样的东西我们会一直喜欢使用。选择物品的时候，一定要找这种靠谱的搭档。

[墨西哥篮筐包（塑料制品，编织购物袋）/TLACOLULA（特拉克卢拉）]

第5条

把握自己的消费量

很多朋友的化妆台里化妆品都是堆积如山，放眼望去，都是开封后用了一半的。放了很长时间的化妆品涂抹在我们的肌肤上，可不是什么好事。而这一切是如何酿成的呢？归根到底都源于"想试试新产品""买了比较划算"等这样的购买欲。而我们购买时，并没有回头看看家中到底还有多少化妆品。

控制的关键在于，掌握自己用完一批化妆品的时间跨度是多久。我会在化妆品上贴个标签，标明某月某日开封，掌握几个月用一瓶，为接下来的再购买做准备。

食品也是一样的，超过消费量的购买只会导致剩余，家里总有过期食品。要把握自己的消费量，有计划地循环购买。

培养挑选物品的品位

第6条

我一直很羡慕那些有品位、有眼光，总能找到好东西的人。

而我，是一个对东西毫不上心，随便买东西，拥有无数购物"黑历史"的人。当然，现在我正在改善进步中。我经常去的一个培养眼光的地方，就是百货商店的生活用品层。只要有时间，我就像个猎人一样开始物色。其中，家居服专柜是我必去的。那么贵的衣服只在家里穿穿，真的是好需要勇气啊。不过，仔细想想，每天都要穿那么长时间，当然要选一件舒服的了。

希望有朝一日，我也会有挑选的实力和勇气……在那之前，我就老老实实地接着看我的家居服，培养审美能力吧。

适当逞强也未尝不可

　　质量好、功能齐全、设计我还中意的东西，十有八九是便宜不了的。但是，只要我能好好珍惜，它就可以带来幸福感，而且可以用很久，那么把它当成是对未来的一种投资也未尝不可。虽然我也不会去买太过不符合自己身份的东西，但是，我想成为一个可以和好东西长久交往下去的成熟的大人。所以有时稍微挑战一下也是一种锻炼。

　　昂贵的东西买回来，总是会格外小心。一定要好好地去正视它们，经过深思熟虑再买，避免无谓的购买。如果买回来的东西可以用得足够久，从总体开支上来说，其实也没那么贵。反而是总买一堆便宜的东西回来，成本会比较高。

　　照片中是我下了好大一番决心才买回来的ARTS& SCIENCE的连衣裙。一件让人充满幸福感的衣服，无论是正式场合还是日常生活，每天都会想穿。而且，每天穿都会有不同的感觉，不会让人觉得腻。它拥有柔美的线条，虽然没什么修饰，却并不显得单调。

　　花了好大一笔钱，说实话，真的心如刀割。但是，它拥有极佳的舒适感、设计感以及简单的洗涤方法，功能性简直完美。穿着它心情就会变好，是为我的日常陶醉时刻做出杰出贡献的好搭档。

旅行地的一期一会

第 8 条

胸针 | 松本

只要去松本，我一定会去杂货店 "coto.coto" 逛逛。我喜欢这款胸针简单又有趣的造型，颜色也比较稳重大方。

原物体艺术品 | 松本

在长野县松本市的 "10cm" 遇见它，一见钟情，当即购入。它是一款小型原物体艺术品，在我家有限的空间里也可以随便放。

胸针 | 名古屋

这是我在名古屋的杂货店 "mokodi" 遇见的一款十分低调的十字架胸针。当时觉得它好像什么衣服都能搭，就买回来了，现在成了我最常佩戴的胸针。

对于我这种热爱人间烟火的人来说，旅行就是去另一个地方享受衣食住行的快乐。此外，在旅行地发现美好的生活用品也是我的乐趣之一。在旅行地收获的物品，会带着那时那地的回忆，喜爱自然也是多一层的。

平时储存一些感兴趣的店铺和制作者的信息，才不会错过与美好事物的一期一会。

灯具 | 芦屋

购于兵库县芦屋市的灯具店"flame"，我已经关注这家店很久了。想实际看看他家的作品便亲自去了一趟。手工制作的玻璃灯罩给人一种清凉感，我非常喜欢。灯具线的长度是可调整的，真的是太好了。

壁灯 | 福冈

"krank original lamp"的一款用旧材料拼接而成的壁灯。这是福冈一间我向往已久的店铺，终于得偿所愿去了一趟。买了一直想要的读书用壁灯，把它装在我家沙发上方了。

门上的小花瓶 | 福冈

等飞机的时候偶然进了一间福冈的杂货店，虽然这是一款木制的小花瓶，但是附有磁石，可以贴在大门上！于是就买了回来。只要是磁石可以吸住的地方，贴在哪儿都可以，我喜欢它这一点。

am 6:00

起床

闹钟我用的是手机自带的，床头柜上的钟是为了方便看时间而买的。半夜醒来的时候，看时间也比较方便。

我的工作是叠被子（NITORI），把褥子（无印良品）放到壁橱里是丈夫的工作。我家没有替换的床单，所以都是趁天气好的时候清洗、晾干。

作为一名自由职业者，我的工作时间并不固定。

随时可以自由支配自己的时间，其实是一件比想象更难的事情。

每周四是我的"运动日"，报名的两堂课都在这一天，间隙的时间则用来做一些工作和家务。

即便是漫无目的的一天，也可以利用"间隙时间"专心处理杂务和业务，真的很不可思议。

在这一页中，我重新审视了我的"运动日"，以及这一天我与物品之间的相处。

前一天晚上把米淘好，倒进珐琅铸铁锅（STAUB）里预备上，早上只要开火就好。大火煮10分钟，再焖10分钟。

am 6:05

做饭 & 打开窗帘

打开窗帘（无印良品）和窗子，让早晨的新鲜空气进入房内。

去卫生间时顺便在香薰灯（MARKS&WEB）里滴一滴薄荷香薰精油。

把所有的材料从冰箱中拿出来，摆在灶台上。如果提前把食材处理、腌制好放在保鲜盒（Ziploc，NITORI）里预备着，做的时候就会很快。

am 6:10

给丈夫做便当

am 6:15
制作奶昔

从冰箱的保鲜层里取出菠菜等蔬菜，搭配香蕉、猕猴桃等当季水果。

这个每天早晨的小习惯我已经坚持了整整2年。有时候也会偷懒，但是坚持下来后，我们夫妻二人的皮肤都变好了许多。

把食材切好，加入豆浆和蜂蜜，用搅拌机（无印良品）搅拌。

加入洗涤剂和清水涮一涮会比较好洗。

am 6:45
打开收音机

丈夫起床后，我会打开收音机。我家没有电视机，所以收音机（CD player/无印良品）是家里的"大明星"。

96

am 7:00

早饭

丈夫的早饭先给他摆在桌子上。他吃完早饭后，我会把他送出门，然后收拾餐具慢慢吃自己的早饭。

am 7:45

扫除

上午光线充足，被子叠好后卧室里的灰尘清晰可见，这时候用吸尘器（便携式吸尘器／牧田）打扫一下。如果还有时间，就把卫生间也打扫一下。

am 8:00

间休

这个帆布收纳盒是为了装护手霜而买的，不需要的时候可以折叠收起来。我把它摆在桌子上，这样想用护手霜的时候随时可以用。

在收拾好的房间里休息一会儿。喝杯咖啡，看看杂志或报纸。（SANKEI EXPRESS）

am 10:00

上午的工作

开始着手处理上午的一些事务性工作，比如回复邮件之类的。（Z型灯／山田照明）

处理家里的文件。
（碎纸机／爱丽思）

我的办公桌很小，只能放电脑、鼠标以及咖啡杯。（马克杯/yumikoiiho shi porcelain）

am 10:50

换衣服

更换外出服装，把睡衣（家居服／PRISTINE、无印良品等）放到置物箱中。

准备出门

化妆很麻烦，常常忙活到
最后一秒……

准备行装。下午要在咖啡厅工作，所以电脑和资料要
带上（左侧的包）。浅绿色的手提袋（MITSUBACHI-
TOTE）中是钱包和手机。去健身房的包里是果汁、保
温杯、替换衣物等。带上这 3 个包出发喽！

出发喽！

am 11 : 20

准备行装

99

am 12:00
加压式训练

每周参加一次加压训练，增强体力！然后换衣服，前往下一站。

先回家一趟，把衣服洗了。（铝制多功能晾衣架／无印良品）

pm 1:15
在咖啡厅吃午饭和工作

回家的路上有一间咖啡厅，我经常在这里工作（平均逗留2个小时），午饭也在这里吃。

pm 4:45
洗衣服

pm 5:30
去瑜伽教室

骑自行车去瑜伽教室，骑自行车也算是一种运动。

pm 7:20
回家＆做晚饭

利用已经准备好的食材，飞速做好（有时候也会买便当回来）。

pm 8:30
晚饭

pm 9:00
饭后一杯

等丈夫回家，一起吃晚饭。（单人餐垫 麻平织布制品 深灰色/无印良品）

饭后一起喝一杯，聊聊今天发生的事情。

pm 10:00
洗澡

洗澡要花上30分钟，慢慢来。
（冷杉沐浴露/WELEDA）

pm 11:00
睡前准备

有时候会用iPhone手机简单地回复一下邮件。（无线键盘/Apple）

晚安啦。

pm 11:30
熏香

睡觉前点上熏香（超声波扩香器/无印良品），做个睡前拉伸，睡觉……

值得去爱的『耿直劳模们』

　　它们的宗旨是"为劳动而生"，外表没有任何浮夸的装饰，让我着迷。而且，它们注重功能性，设计的理念就是"摒弃多余的设计"。这就是为什么我并不喜欢做菜，却对厨房用具情有独钟的原因。追求功能性、充满功能美的厨房用具们，可以说，就是它们让我燃起了对烹饪的向往。特别是不锈钢产品，简直让我神魂颠倒。它们结实、轻便，散发着冷淡却美丽的气息……

　　那些不是为了在柜台显得出众而做过多装饰的物品，总是给我一种耿直的感觉。

　　我挑选物品的时候，会想知道制作它的人是什么样的。那些专注在一件事情上持之以恒的人，他们所制作的东西会让人感受到爱和信念；那些考虑使用者的感受所制作出的物品，也能让人感觉到它们的灵魂。

　　而那些不管三七二十一，只想着"卖卖卖，就是卖"的人，会给我一种不信任感。相对于那些薄利多销的物品，我希望自己将要花很长时间去喜爱的东西是花费了时间和成本，用心制作出来的。

5 年
珐琅锅

8 年
BEKA 单手锅
（丈夫还单身的时候
就在用，德国产。）

4 年
木制案板

5 年
GLOBAL 菜刀

厨房用具

橡胶铲

这个橡胶铲是我在福冈的厨房用品专卖店找到的，把手是不锈钢的，亮点是轻便、结实。店里也有橡胶铲头可以拆下来的款式，但我嫌清洗起来麻烦，于是选了这款铲头和铲把一体的。在它来我家之前，浓汤总是盛不干净，锅里总得剩一点儿。所以，它是我的宝贝。

（橡胶铲/ROSLE）

厨房夹子

厨房夹子可以拌沙拉、夹意大利面、炒菜装盘等，比用筷子夹东西更牢固，是我家厨房里不可缺少的一员。这只夹子是我在金属炊具店找到的，一拉尾部的拉环就能闭合，可以随便挂在厨房的哪个位置，很方便。我还有一款更有设计感的夹子，但是这一个开口比较大，所以用得多一些。

（18-0带拉环的万能夹子）

小锅、案板等，
这些厨房用品是我一个一个挑回来的。

计量匙

这个是新潟的厨用金属制品商"工房 AIZAWA"出品的计量匙。它的匙柄很长，即使插到工具筒里也不会被挡住。柄中间有一块细长的中空区域，没有固定的用途，但是可以随便挂在挂钩上，充满各种"便利"的可能。

（计量匙15毫升、5毫升/工房AIZAWA）

烧烤网

这是我的一个总是雪中送炭的朋友送的。可以把面包、年糕等放在烤网上，看着它把食物一点点烤熟，我很喜欢这样的感觉。一边观察面包烤得怎么样，一边闻着香气，耐心等待烤好的时刻，多么幸福！一直想要却一直没来得及买，结果朋友正好送了，真是太可靠了。

（带把手、带陶瓷底盘的烧烤网/辻和金网）

户外用小锅

我之前确实考虑过要买一个做2人份味噌汤的小锅，但是，从0到1时的购物总是要格外慎重。经过一系列深思熟虑后，我才想起来："家里不是有一个露营时用的户外小锅嘛！"

要找的东西家里就有，真的是太开心了！如此一来，不仅丰富了这个小锅的用途，也避免了花费额外的成本购买多余的东西占据家中空间。

这个小锅从餐具架的上方"晋升"到炉灶附近的"特等席"了，用起来很顺手。现在它在野外能用，在家里也能用。

（PRIMUS litech 煎锅 /PRIMUS）

方便的迷你折叠桌

它可以折叠，携带方便，是一款外出用迷你折叠桌。但是，在家里它同样有很多用途。平时做饭的时候，它可以作为辅助台摆放材料。而且，客人比较多的时候，还可以拼到餐桌上使用。坐在阳台上喝啤酒的时候，我也会把它搬出来。有时，我会把户外用的燃气炉放在上面，烤饭团吃。

小时候我就很喜欢玩"过家家"的游戏。如今想来，所谓户外生活，就是在不同环境下生活的真实版"过家家"。那么，所用的东西也得要可以代入到生活中才行。

（My table 竹/Snow Peak）

钱包

以前我用的是ZUCCA的两折钱包。看中它容量大、便于拿取这两个特点，结果一口气用了8年。然而，在我想买一个一模一样的新钱包替换时，这款钱包已经停产了。于是我到处寻找这种两折的、有分格的钱包，最终找到了这款ARTS&SCIENCE的钱包。它有4个放卡的分格，可根据用途分类，我很喜欢。

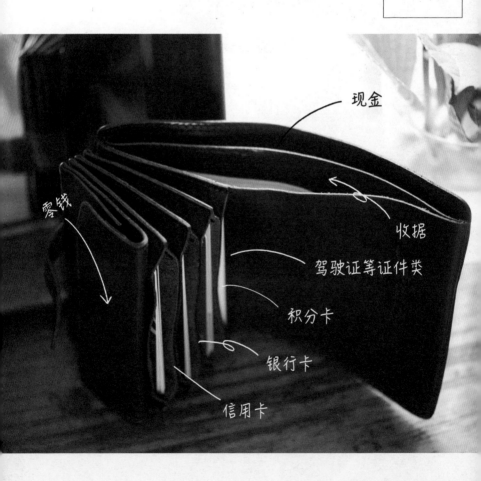

现金

收据

驾驶证等证件类

积分卡

银行卡

信用卡

零钱

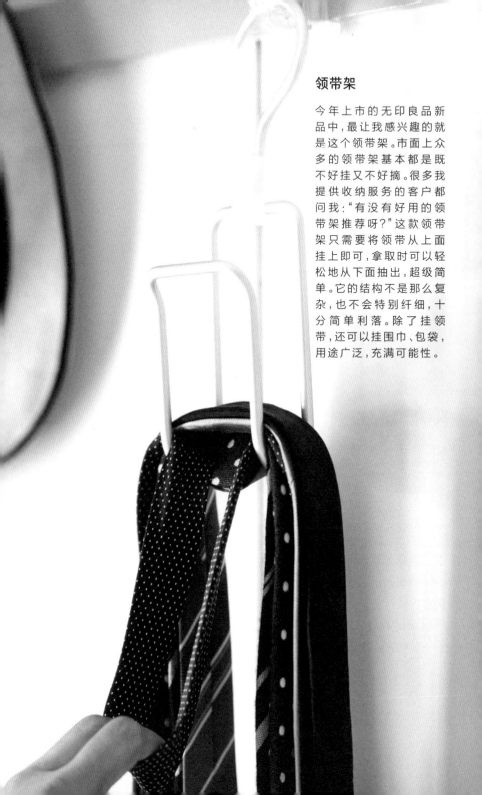

领带架

今年上市的无印良品新品中，最让我感兴趣的就是这个领带架。市面上众多的领带架基本都是既不好挂又不好摘。很多我提供收纳服务的客户都问我："有没有好用的领带架推荐呀？"这款领带架只需要将领带从上面挂上即可，拿取时可以轻松地从下面抽出，超级简单。它的结构不是那么复杂，也不会特别纤细，十分简单利落。除了挂领带，还可以挂围巾、包袋，用途广泛，充满可能性。

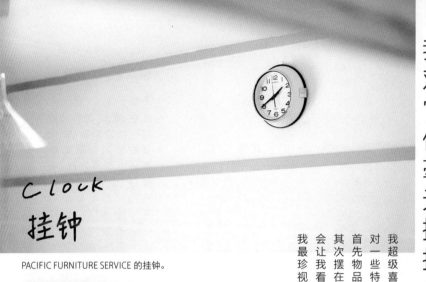

Clock
挂钟

我对它们毫无抵抗力

我超级喜欢物品，对一些特定领域的物品尤其「没有抵抗力」。首先物品本身的魅力无可匹敌，其次摆在家里的时候，会让我看清楚生活中，我最珍视的是什么。

PACIFIC FURNITURE SERVICE 的挂钟。

带磁铁的小时钟。开抽油烟机做早餐的时候，一抬头就可以看到时间，很方便。无印良品的时钟，有"公园时钟""车站时钟"等系列，在设计上都倾向于普通且便于看时间。

我喜欢时钟的外形，指针和表盘的简单搭配仿佛在诉说："我就是为了显示时间而存在的。"散发着一种耿直的存在感。

chikuni 的铝制时钟。在名古屋的杂货店"sahan"看到后，一见钟情，当即购入。现在挂在我家卫生间里，但是如果有一天我们搬家了，一定会把它设置在新家里。

滴漏式咖啡工具
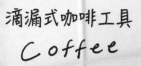

磨豆机
这是结婚的时候买的，新鲜磨出来的咖啡粉就是香！
（NICE CUT 磨豆机/KALITA）

咖啡豆收纳盒
逛杂货店的时候偶然碰到的，一眼就看上了。硅藻土质地，保湿性好。适合储存咖啡豆。
（食品收纳盒，四角形 M 号/SOIL）

清扫工具
用它来清扫磨豆机周围散落的咖啡豆。
（桌面清扫套装/Iris Hantverk）

我喜欢把咖啡豆磨过后再煮。要说为什么的话，其实是因为磨咖啡豆时，咖啡的香气会满满弥散在整个空间里，那一瞬间总是让我欲罢不能。萦绕的香气会带给我满满的幸福感，于是我买了KALITA 的磨豆机。我家以前用的是商务磨豆机，功能性和粗犷的外形还是很棒的。

HARIO 的沥干杯、结婚时收到的贺礼——KONO 的托盘以及月兔的珐琅热水壶。它们都是我生活中不可或缺的搭档。

Pouch
拉链袋

拉链袋是用来把东西整理到一起的。根据不同的用途，可以有很多种整理方式。它们本身也有不同的型号、材质，根据需要的功能，可以有很多不同的种类。有带铁环的，有防水加工的，有拼条的，还有后面有侧袋的……不仅可以单独用来装东西，还可以放在包里作为辅助，有着无限的可能性。

网格拉链袋是透明的，很万能。可爱的纺织拉链袋也很讨人喜欢，带图案的和布制的拉链袋都能轻松用起来。

照片中上排：图案拉链袋（法国伴手礼）/kota 拉链袋（SyuRo）/网格拉链袋（无印良品）。
下排：带侧袋一体型布制拉链袋（FLANDERS LINEN）/皮革拉链袋（ARTS&SCIENCE）/小巾刺绣拉链袋（民间工艺品）。

我有一个经常给我写信的好友，因为她，近来我也爱上了便笺和信封，慢慢开始收集起来了。

与邮件相比，信件无论是在物理上还是心理上都能给人更深的印象。读过之后，把信件贴在笔记本上，时不时回头再重新读一遍也是我的乐趣之一。通过朋友的信件，从她的眼中看到自己的改变，非常有意思。

我在笔头上非常懒，无法像她一样频繁地写出很长的文章，于是，我买了这个一笔笺，这样我回复起来也不痛苦了。工作回复时，我也会在资料里夹一张，表达感谢。最近，我买了一本教人写信的书，闲暇时就参考一下其中的例文*。我希望自己可以成为一个能在信件中自由表达心意的人。

* 参考《靠谱成人的一句话和信》。

信纸套装
Letter

我所理解的无印良品的魅力，在于每个人都可以随心所欲地使用，产品设计简约，应用范围广泛。
不是强加给你，告诉你："这就是好。"
而是从消费者的视角说："这个可以。"
那么，他们是如何创造出如此之多的产品的呢？
我百思不得其解，于是来向这里的开发负责人请教了！

本多： 当我看到这个铝制领带架（照片左）的时候，心里特别激动："这个做得太好了！"它的形状特别简单，但是每个人看到它都能立刻想到可以用它做什么。我觉得贵公司的产品大多都有这种魔力。请问，从开发者的角度，您是怎么看的呢？

日高： 先要观察很多市面上的商品，然后将其拿到公司内部讨论："这个是不是可以更便利一些？"比如这个领带架，最初是先拿一条这样的金属丝做了一个简单的试用品，然后我们想，它可能不仅可以用来挂领带，还可以挂帽子、围巾等东西。

本多： 用金属丝做的试用品啊！我一直觉得在这之前，市面上的领带架都不好用，

让本多女士着迷的
无印良品制品

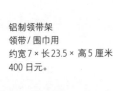

铝制领带架
领带／围巾用
约宽7×长23.5×高5厘米
400日元。

不锈钢吊挂式钢丝夹4个装
约宽2.0×高5.5×长9.5厘米
400日元。

而且有一个缺点就是"没有其他用途"。

日高：钢丝夹（照片右）也是一样的，我们推出时候并没有规定它的用途。我们不会制作只有一种用途的东西。这样客人用起来才会有超出我们想象的更多的可能，发挥商品的潜力。

本多：贵公司建立的这个听取实际使用者心声的系统太厉害了。

日高：这就得益于研发与店铺之间的直接联系了。即使不是开发负责人，普通的员工了解顾客的心声后，也可以参与到开发中去。网上的"生活中的良品研究所"页面，也在听取大家的反馈。再者就是观察各种各样的

良品计划生活杂货部生活用品负责人 MD 开发，日高美穗女士。

家庭状态，看看他们有什么困扰的地方，家里的用具都是怎样使用的。比如保鲜膜盒，有人不知道放在哪儿好，我们就在上面加了磁石，让它可以直接贴在冰箱上。我们一直致力于现有商品的改良，让它们使用起来更便利。

本多：正因为你们不停地为了创造出更便利的商品而试错，才使得每一件无印良品的商品都那么好用。

日高：其实我们以前也有过一段时间，只着重于让产品从市面上众多的商品中脱颖而出。省去涂装这一步，不仅可以降低成本，还可以减轻对自然环境造成的负荷。但是不能一味地省略，必要的东西还是要添加的。现在的无印良品是只做自己认为"应该做的事"。我们处理的往往都是一些无关紧要的小细节，但恰恰是在这些细节上下的工夫才能真正解人之所急。只有试过才知道，"这个真方便"的这种小小细节就是我们真正关注的地方。

本多：原来如此！所以，省去多余的部分才是这些产品更加便利和美观的原因所在啊。

日高：关于钢丝夹的设计，我们是从"有人会用洗衣夹给点心袋封口""塑料夹子比较容易坏"这两点出发进行开发的。

本多：就是从解决"家庭中的一点点小遗憾"而出发进行商品开发，是这样吧。

日高：是的。我们的设计追求的是不要让生活变复杂，采用不锈钢材质是因为它比较结实。研发中途又想："如果能挂起来就更方便了。"于是加了个挂钩。

本多：原来不是一开始就能挂的呀！这个后加的功能对于作为一名粉丝的我来说，真的是太宝贵了。

每次走进一间店铺发现不错的商品，拿起来一看，大多都是"F/style"出品的。包装和设计都很简单、低调，使得物品本身的质量被完美凸显出来。

爱操心的批发商

"F/style"的工作是把从"与日本各地的制造商共同开发商品"，到"把制造商生产的商品交到消费者手上"这整个过程全部包揽下来。

而使她们走上这个行业的是："物品从制作到使用之间的不协调感。"

传统的生产流程是由品牌提出创意，交给制造商进行制造，

五十岚惠美、星野若菜是新潟土生土长的一对朋友。2001 年春，毕业于东北艺术工科大学，随后在新潟创办了"F/style"品牌。她们的信条是："把除制造以外，到商品流通为止的所有生产必要过程统统尝试一遍。"从设计提案到拓展销路一并包揽下来。她们的商品想要传达的是："将传统产业与'现在'结合，为使用者服务。"

穿过一次就停不下来了。"不带橡皮筋的袜子，又轻又软好舒服。"不知道重复买了多少次了。

卖剩的东西打折出售或者返回，最终交由制造商处理。

而她们根本没有拘泥与此，完全在做自己的东西，卖自己的东西。在这方面"F/style"就是最好的示范，是真正的践行者，是"第一个吃螃蟹的人"，是爱操心的批发商。

星野若菜女士（左）与五十岚惠美女士（右）。她们的梦想是退休之后，开一间"前所未有的小吃店"。我好想去！

不过，真正令人吃惊的是，她们从未找过制造公司主动推销商品企划。她们说一切都是缘分，聊着聊着就开始了。"我们从未想过要宣传自己的品牌。我们的工作就是让正在合作的制作者支付得出从业人员薪水，我们会努力做好这件事。同时，我们也会站在消费者的立场上，去设定一个对双方来说平等的价格。常常易地而处设想一下：如果是自己买，我会怎么想？"

她们一步一个脚印，带着信念，切实地去帮助这些有价值的传统行业。让我没有想到的是，她们从未打算以"这些产业的历史"和"苦难的境遇"作为卖点去推动商品的销售。

"当然，我们也希望自己可以为本地的这些宝贵技术和产业的发展提供助力。但是，再怎么历史渊源深厚的产品，如果没有百元商店的好，那就应该选百元商店的。如果要让我们用那些浅薄的概念去做，那我们宁可不做。以合理的价格购买有价值的东西，不添加任何渲染，如果需要，请购买，这就是我想对顾客表达的。"

仓库兼货架。产品都收纳起来保管。

不贪得无厌

她们有几句话让我印象很深刻："人，只要不对身边的东西贪得无厌，就可以平和地生活下去。""在有限的生活中，竭尽全力，就会一直有力量。""你真正需要的东西，会在某个意外的时刻悄悄降临。"

我虽然不是那种"什么都想要的人"，但是，"我想看更多的风景，去更多的地方"。我在这方面的欲求很强烈。但我会一直记得她们口中的"一切随缘，顺其自然"。

F/style
新潟县新潟市中央区爱宕1-7-6
电话：025-288-6778
邮件：mail@fstyle-web.net
http://www.fstyle-web.net
展室营业时间：每周一、周六的11:00~18:00
* 由于本店经营者经常出差，有可能会临时歇业。远方的顾客烦请事先通过电话或邮件确认一下来访时间。

"Snow peak"，总部设于新潟县三条市的户外设备综合厂商。20世纪80年代，现任社长山井太先生领先于世界，提出"汽车露营旅行"计划，收获大量人气。此后，作为使用者之一的他彻底践行"顾客本位"的概念，只做自己真正想要的产品，粉丝遍布全国各地。以"人生就是要野营"为公司理念，总部设有露营场地，业务范围广泛。

公司是开放式空间。很可能客服正在接顾客的电话时，后面就坐着产品开发者（耳朵在认真收听反馈）。

我在这里买的第一件东西是烧烤架。买的时候他们是这样介绍的："这个烧烤架不会烫伤地面和草坪，将成为您户外生活的点睛之笔。它结实牢固，可以陪伴您一生。露营设备承载着您的回忆，与您一同前行。"公司的一腔热情表露无遗。

制作者与使用者

创立当初，"Snow peak"是一家金属炊具批发商。最初，是在东京的企业上班的现任社长正好回到老家三条——"我很喜欢露营，当时回来想露营来着，结果找不到自己想要的设备，于是我就决定，要做我心目中的露营设备"。于是，他不计成本，开始开发设计性好、结实、不漏雨的帐篷。那时，大多数

应用燕三条地区独有的铸件成型技术制作的轻薄款烤盘（5670 日元）。由当地的专业匠人及产品制造商共同制造，我下一件要入手的 Snow peak 产品就是它。

的帐篷只要 1 万日元左右，他的产品却要 16 万 8 千日元。刚开始销售的时候，大家都说肯定卖不出去。结果，第一年就卖出了 100 个。只要是好东西，就可能有人要。那一瞬间，他明白了。

公司里所有的员工都是真的喜欢户外活动，真的在野外生活、感受过，然后想："要是有这样一个东西就好了。"

"在 Snow peak"的产品制造中，从企划、设计到计算成本、产品量产，都由开发负责人全权负责。开发科的小林先生说："我以前的单位是分工合作的，很多时候一件产品离开自己的手之后，到销售的时候就变样了。在这里，从一开始的企划到最终的制造，全部由我一个人负责。这样一来，'我想做的东西''人们会需要的东西'，这两个出发点就不会发生改变。"

可靠的户外前辈

"Snow peak"的产品，由于拥有追求极致的好品质、符合用

此次的采访对象：企划总部服务科的经理伊豆昭美女士（左）与企划总部开发科的经理小林悠先生（右）。

户需求的便利性、简约且功能性齐全的设计，虏获了一票忠实粉丝。有的用户只要看到产品，就知道是哪位开发者设计的。这说明，制作者的个性会通过商品体现出来，而制作者和使用者无限接近，这可能就是"一家看得见对方的公司"的证明。

在露营方面，我还是个新手，这些"身经百战"的户外达人总结出的"可以用的"规律，对我来说就像是背靠一个大前辈，非常有安全感。

在未来，"Snow peak"计划做一个带动住在市区的人们到附近的公园等地享受户外生活的提案。我就在这儿等着一套轻身的野营设备横空出世了！

Snow peak
新潟县三条市中野原 456
电话：0256-46-5858
http://www.snowpeak.co.jp
总部占地面积约16.5 公顷，同时设有全部产品均有售的直营店及汽车野营旅行场。此外，在全国各地均设有直营店及代理店。
* 总部办公室可参观。（无须预约，开放时间请登录网站确认。）

封口胶带 白色胶带及丙烯胶带 胶带座

封口、标记储存容器的内容……与透明胶带差不多。（KAMOI 加工纸/151 日元）
与封口胶带大小完全一致的胶带座，好切，便利。（无印良品/126 日元）

纯棉室内鞋

主要是在到客户家提供收纳服务时穿。虽然有时也会用其他的，但是它特别好穿，底部结实，这是我买的第二双。

敏感肌用
多效身体凝胶

比身体乳更容易推开，滋润效果好，我很喜欢用它，正在重复购买中。（200g 无印良品/1500 日元）

漂亮的笔记本
nanuk 白纸本

独特的大小，我喜欢它顺滑的书写感。用它来记旅行笔记。
（Little More/540 日元）

刷碗布

这个是朋友推荐给我的，我喜欢它的弹性，颜色也很低调，一直都在网上打包购买。（本色布 SEKKEN 百货/162 日元）

面膜 LuLuLun

这是"皮肤护理新手"的我每天都能用的面膜，适合我这种懒人。它的包装就像纸巾盒一样，从上面嗖地一下就可以抽出面膜。（42 片装 Glide Enterprise/1620 日元）

mont-bell 苏必利尔丝 L.W. 紧身裤 女款

一整年都可以当打底裤穿。第一条一直穿到几乎磨破,这次我买了两条。顺滑的肌肤触感简直太棒了。(mont-bell/6480 日元)

再生纸迷你桌面台历

从 6 年前开始,我每年都会买一本无印良品的台历。现在,它已经不仅是一本台历,更像是家中陈列的一部分。

手帕

一开始只买了一条,后来我就爱上它易干的棉麻质地了,用坏了就买,一直在用。(R&D.M.Co-/1260 日元)

冷杉沐浴露

香气怡人,很治愈心灵,让人忍不住想深呼吸。这已经是第 3 瓶了。(WELEDA/3024 日元)

运动袜

无印良品的袜子洗多少次都不会变形,很结实。

素描本

用它来做笔记确实有点奢侈,但它是活页的,特别方便,我实在是不想用别的!(ITO BINDERY/864 日元)

伴手礼的小美好 —— Souvenir

咸番茄干

到别人家做客的时候有幸尝了一点，觉得太好吃了，已经在我家成为"明星"了。每个吃过的人都会惊异于它的甜度！（秩父NAKAIYA农园 80g 1盒 400日元可邮件订购 nakaiya_farm@yahoo.co.jp）

小豆饼

品茶时的最佳搭档。外面是烹制过的小豆，里面是糖馅的一种日式点心。它的保质期差不多只有一天。经常被用来作为伴手礼送给朋友。（叶匠寿庵 1188日元 http://www.kanou.com）

摩洛哥薄荷茶

这个也是我家的必备品，常推荐给喜欢香草茶的朋友。它的包装也很漂亮，适合作为伴手礼。（Far leaves tea 1260日元~1470日元 OLDMAN'S TAILOR 电话：0555-22-8040）

造酒屋的甜酒

自从在松本的酒屋尝过之后，就爱上了。我家一直是定期订购，有时候也会分给朋友一些。和乳酸饮料按照1:1的比例搭配，超级好喝！（善哉酒造株式会社 500ml 650日元 电话：0263-32-0734）

婴儿礼盒
（内衣和围嘴套装）

纱布质地，亲肤易干，特别适合夏天送给宝宝。
（6588 日元 礼盒另加 300 日元
http://www.ao-daikanyama.com）

木纽扣发饰

它独特的外形深受好评。
我个人也每天都在用。
（petalwork 1728 日元
http://www.petalwork.
net/）

mont-bell 的儿童 T 恤

T 恤的图案很丰富，每款都给人一种很轻松的感觉，很可爱。从婴儿到大孩，号码齐全，可以兄弟姐妹一起送。
（mont-bell 网店 1890 日元
http://webshop.montbell.jp）

MOISTURE HERBAL MASK
（面部保湿面膜）

收到它作为礼物时，很开心。
从那以后，我也经常把它作为小礼物送人。它的香味很不错，敷面膜的时候特别治愈。
（MARKS&WEB 4 包装
http://www.marksandweb.com）

uka 指甲油
（色号 13:00）

这是一款日常使用的百搭指甲油。想换个心情的时候，可以涂一下。
（3240 日元 uka 东京办公室
电话：03-5775-7828）

后
记

步入30岁以后，就越发地"每时每秒都想要轻身生活"。人生有限，希望把自己得来不易的时间花在幸福的事情上。在这个世上拥有的一切，最终没有一件能够带走。所以我希望在人生的最后一刻，当想起和重要的人说了哪些话、看过哪些美丽的风景、吃过哪些美味的食物……这样的"经历"于眼前一一重现时，我会觉得："啊，我的人生好幸福啊。"

听到我这一番话，身边的人一定会感到惊讶："本多，你这个年纪是不是想太多了？！"但是，幸运的是，我也遇见了听到这番话之后会说："嗯嗯！我懂我懂！"的一群人，我们一起开始制作了这本书。虽然口中说着："我要轻身生活！"但其实，我很爱物品。如果我想要一个马克杯，就会为了找到心仪的那一个而不计较时间和过程的代价，甚至享受在寻找过程中，这就是不被物欲支配的有选择的生活。从以前到现在，可能未来也一样，如何与物欲和谐相处都将会是我人生的一大课题。

"想买东西"这种感觉，从我小时候向父母要玩具的时候就萌芽了。学生时代，用家里给的零用钱和自己打工赚的钱买到想要的东西时的快感，依然历历在目。长大后，进入社会，用自己的辛苦工作换取工资，买到自己想要的东西那一刻时心里的畅快，越是长大越明显。

刚进入社会的头两年，对于"工作"这两个字我完全没有概念，直到被自己的不成熟打败。那段时间的购物，完全是"解压消费"。没有上班穿的衣服，就左一件右一件地买，结果那些衣服现在身边一件都没留下。当时以为"说不定哪天能用上"而收起来的夹克，也一直没用上，去年还是扔了。

这些失败的经历，给我后来对待物品、购买物品的方式带来了很大的影响。明明那时"那么想要"才买回来的，可是没几天就完全没感觉了，好难过，感觉自己很对不起那件东西。

现在，我的生活也是建立在不断反省上的。我的人生是一个个连续的"现在"，而人生总有终结。既然如此，我会珍惜每一个"现在"，快乐地度过。为此，我不希望拥有的东西、周围的空间、与人的交往、看不见的时间和信息……这一切成为我生活中的重担，我的理想就是轻身生活。

"我喜欢物品，但是我更想轻身生活。"这就是此刻我心中最真实的声音。

* 本书中所记载的信息均为 2015 年 10 月的情况。商品的价格和样式可能会有变更。
* 价格均为含税价格。
* 关于书中未显示价格的作者私人物品，部分已无法购买，请见谅。

现在我的购买清单
Just now！

可以换着穿的白色派克大衣
颜色接近纯白，厚款，一定要有帽子。

随型丝质护腿
睡觉的时候可以穿在宽松的睡衣里面。

直径约20厘米的小煎锅
现在用的那个没到1年就不行了，下一个打算买个质量稍微好一点的。

可以温暖身体的沐浴露
接下来就要冷起来了，我得保暖。

从起居室可以看到绿色的二手公寓
今年开始找房子！